ひろがるトポロジー

石川剛郎・大槻知忠・佐伯修

距離空間のトポロジー

幾何学的視点から

川村一宏 著

共立出版

シリーズ刊行の趣旨

　トポロジーは，長さ，面積などの量には依らず，連続変形で変わらない図形の性質を調べる柔らかい幾何学である。18世紀中葉にレオンハルト・オイラーが多面体定理，すなわち空間内の凸多面体について頂点の数＋面の数＝辺の数＋2が成り立つことを発見し，トポロジーを創始した。その歴史は，数学諸分野の中では古いものではなく，オイラー以後もすぐに目立った発展を遂げたわけではない。19世紀後半には（コ）ホモロジーや基本群の概念が少しずつ形を見せ始め，世紀の変わり目前後にアンリ・ポアンカレが記念碑的な Analysis Situs を著した。その後のトポロジーの発展は目覚ましく，20世紀中盤には高次元多様体のトポロジーが夢のような展開をみせた。さらにその後もトポロジーは現代数学の各分野にとどまらず，周辺諸科学とも関連しあいながら有機的にひろがり，発展し続けている。興味を惹かれるテーマが実に数多く存在する。その中から，トポロジー自体に限らず現代数学の発展を理解する上で欠かせない素材や方法論，幾何的もしくは独自の魅力にあふれた理論などを厳選し，できるだけコンパクトな形でより多くの読者にトポロジーの魅力を提示する，というのが本シリーズの狙いである。

　現代トポロジーの全体像をあまねく記録しその成果を不足なく解説しようとするならば本シリーズの数倍か数十倍の規模を要するであろう。本シリーズではむしろ，現代数学を理解し，未来への展望を見据えるための魅力を備えたテーマに絞り，現代のトポロジーの最前線で活躍する著者陣にこれらをいきいきとした切り口で解説して見せてもらうことを意図した。各巻は大部ではないが，それぞれのテーマへ，初学者にもわかりやすく興味深い導入から始まり，理論の核心へと迫る。いくつかの巻は学部や大学院初年次におけるセミナーのテキストとして好適であろう。より高度な文献や論文へと進む礎となることも期待される。

　多くの読者に本シリーズから現代トポロジーの魅力を感じ取っていただけたら幸いである。

編集委員

まえがき

　20 世紀前半に私達の直感に反する奇妙な性質を持った図形が色々と見つかった．Alexander の角付き球面，Antoine のネックレス，Bing の dog-bone 空間，Fox-Artin の弧，Sierpiński のカーペット，Menger のスポンジ，等々である．1940 年代から 1980 年代にかけて，アメリカ合衆国 Moore-Bing 学派やポーランド学派のトポロジスト達によって，このような空間を取り扱うための理論が建設された．これらの理論は野性的空間をも対象とするという意味で一般位相幾何学の一分野をなしており，位相空間論的側面よりは幾何学的な側面に着目して研究する．本書の題名「距離空間のトポロジー─幾何学的視点から─」はここに由来する．

　本書では単体分割できるとは限らない（局所）コンパクト距離空間のトポロジーを取り扱う．上のような奇妙な性質を持った空間のトポロジーを調べるための基本的な手法のいくつかを紹介し，それらを用いてどのようなことが明らかになるかについて述べたい．全体を通して中心的な役割を果たすのは多面体近似である．複雑な空間を多様体あるいは多面体による近似系の解析によって研究し，無限反復と極限操作を組み合わせて様々な空間あるいは写像を構成するところにその特徴がある．

　本書を読み進めるために必要な予備知識は多くない．取り扱う主題が通常の学部教程で取り上げられることが少ないことから，難しく複雑な議論が展開されているように見えるかもしれないが，基本的なアイディアには素朴なものが多い．わかりにくいところがあるとすればそれは，簡単に見える事柄を証明するために込み入った方法をとる理由が明らかでないからだと思う．そこで第 1 章の初めに簡単な例を挙げて，一見すると複雑な枠組みを必要とする理由を説

明した．そしてこれらの例に何度か立ち戻り，必要な概念を説明するように試みた．証明を述べられなかった結果（かなり多い）の中には，深い議論を必要とするものが含まれている．

　各章の内容は以下の通りである．第1章では上述の導入および記号の準備を行う．第2章ではいろいろな空間／写像の近似法および極限操作について纏める．最も素朴で自然な近似法から始めて，連続写像の極限としての同相写像の構成・Bing の Shrinking criterion，また射影極限とその上の連続写像の構成法，また Gromov-Hausdorff 極限について触れる．大まかなことが掴めたら興味に応じて後の章に進み，必要に応じて戻っていただければよい．第3章は位相次元の理論に関するごく簡単な紹介である．最後の節で1次元位相力学系理論における射影極限の役割について簡単に触れた．第4章では ANR 理論とシェイプ理論の入り口を簡単に紹介する．ANR 空間のクラスは（距離化可能な）CW 複体のなすクラスを含み，野性的空間の近似理論の適切な枠組みを与えている．シェイプ理論は野性的な空間上で展開されるホモトピー的議論の基礎を提供する．4章の最後に局所連結空間の基本群について，ごく簡単に触れた．ここまでが基礎概念の説明，第5章からが各論である．

　第5章ではコンパクト距離空間上の Čech コホモロジーを用いたコホモロジー次元論を紹介する．Edwards-Walsh の定理が証明されて以来 (1978–1981)，コホモロジー次元論は幾何学的トポロジーの重要なテーマである．ここでは Edwards-Walsh の定理の一つの証明を与え，また 1980–1990 年代における進展に触れる．

　第6章は位相多様体の特徴づけ定理に関わる話題である．最も基本的な役割を果たすのは Edwards の定理（1978 年頃）であり，当時の幾何学的トポロジーの成果を総動員して証明される大きな定理である．本書ではその証明を述べることができなかった．無限次元位相多様体の特徴づけ問題およびリーマン多様体の収束理論への応用にも簡単に触れる．

　第7章は局所コンパクト空間の境界についての紹介である．幾何学的群論においては，群の性質をそれが作用する空間の幾何を通して研究する．そのような空間は多くの場合コンパクトでなく，良いコンパクト化を見出すことは重要

な課題である。コンパクト化の境界として現れる空間は一般に複雑で，第6章までに述べた手法を用いて調べることができる。そのような結果の一つとしてBestvina-Mess の公式 (1991) を紹介し，また coarse 幾何学との関わりについて紹介した。

　本書で取り上げることのできなかった大きな主題の一つは野性的埋め込みの理論である。余次元2の結び目現象と極限操作を組み合わせて展開される魅力的なテーマであるが，筆者の力量不足により全く取り上げることができなかった。また本書では「位相同型」よりも精密な分類は取り扱わない。コンパクト距離空間上の測度や距離の幾何学についても殆ど触れていない。これらが重要な主題であることは勿論である。

　また本書に述べた定理の中には，筆者が証明を完全に確かめていないものもかなり含まれていることを告白しておかねばならない。敢えてそのような乱暴なやり方をとったのは，一般位相幾何学と様々な分野との関わりを紹介したかったからである。ただしそのような有機的なつながりを十全に述べるためには，本書の枠組みでは不十分である。本書の各章で取り扱うどのテーマについても優れた教科書や論説が書かれているが，日本語で書かれているものはごく少ない。本書は上に述べたように不十分な点が多いけれども，もしもできるなら本格的な成書および研究論文に進む一助になれば，と願う。

　本書の執筆の機会を与えてくださった編集委員の石川剛郎・大槻知忠・佐伯修・三松佳彦の各氏および査読委員の皆様に心より感謝する。石川氏には読みにくい素原稿に目を通していただき，貴重な助言を頂いた。また共立出版編集部の大谷早紀氏は不慣れな著者を常に励まし，表現の仕方，図版の描き方を含めて様々な助言をしてくださった。厚く御礼申し上げる。

2022 年 2 月

著者

各章・節の大まかな関係は以下の通りである。

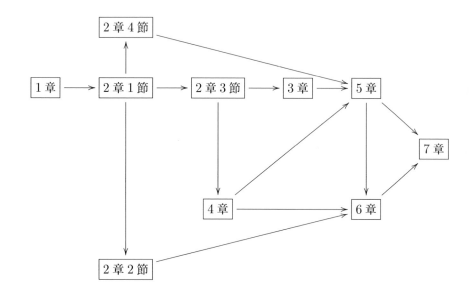

目　次

1

はじめに

　本章では，いくつかの例を通して本書で取り扱うテーマを大まかに説明し，併せて記号の準備を行う。本書で取り扱う空間の殆ど全てが距離化可能空間であり，読み進めるために必要な位相空間論・（コ）ホモロジー論・PL トポロジーに関する予備知識はごく初等的なもので足りる。巻末に幾つかの参考書を挙げておいた。必要に応じて参照していただければよい。多面体および単体的複体に関する基礎的な事柄については付録を参照されたい。

1.1　いくつかの例

　初めに次の例を見よう。わからない用語があっても気にせずに進んでいただいてよい。

◆ **例 1.1 (topological sin $1/x$-curve と Warsaw circle)**　$\mathbb{R}^2$ の部分集合 A, W を以下の様に定義する：

$$A = \left\{ \left(x, \sin\left(\frac{1}{x} \right) \right) \mid 0 < x \leq \left(\frac{1}{\pi} \right) \right\} \cup \{(0, y) \mid -1 \leq y \leq 1\},$$

$$W = A \cup (\{0\} \times [-2, -1]) \cup \left(\left[0, \frac{1}{\pi} \right] \times \{-2\} \right) \cup \left(\left\{ \frac{1}{\pi} \right\} \times [-2, 0] \right),$$

A を topological $\sin(1/x)$-curve, W を Warsaw circle と呼ぶ。

　A は連結だが弧状連結でない空間としてよく挙げられる。W は弧状連結だが局所弧状連結ではない。A および W は単体分割できない空間としても知られている。

　$\mathbb{R}^2 \setminus A$ は連結で，$\mathbb{R}^2 \setminus W$ は 2 つの連結成分からなる。n 次元球体 D^n から

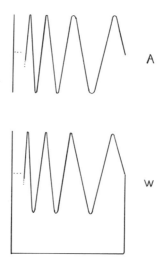

図 **1.1**　topological sin($1/x$)-curve と Warsaw circle

W への任意の連続写像 $f: D^n \to W$ の像は W の弧（つまり $[0,1]$ と位相同型な空間）に含まれることに注意すると，W の基本群は自明であることがわかる：$\pi_1(W) = 1$．同様に W のホモトピー群および簡約特異ホモロジー群は全て 0 である：$\pi_*(W) = \tilde{H}_*(W) = 0$．特異ホモロジー群や基本群・ホモトピー群は，大まかには"空間内の輪や穴"を表す．W は（$\mathbb{R}^2$ を 2 つの連結成分に分けるから）「輪」を持っているはずであるのに，特異ホモロジー・ホモトピー群は W と一点集合を区別することができない．W と一点集合を区別する不変量にはどのようなものがあるのだろうか？

　$\mathbb{R}^n$ 内のコンパクト部分集合 X に対して，$\mathbb{R}^n/X$ で X を一点に縮めて得られる空間を表す．つまり $\mathbb{R}^n$ における以下の同値関係 $\sim$

$$p \sim q \Leftrightarrow p = q \text{ または } \{p, q\} \subset X$$

による商空間が $\mathbb{R}^n/X$ である．$\mathbb{R}^2$ 内の標準的単位閉区間 $I = [0, 1] \times \{0\}$ に対して $\mathbb{R}^2/I$ は $\mathbb{R}^2$ と位相同型であることを示すことはそれほど難しくないし，$\mathbb{R}^2/W$ が $\mathbb{R}^2$ と位相同型でないことは想像しやすい．では $\mathbb{R}^2/A$ は $\mathbb{R}^2$ と位相

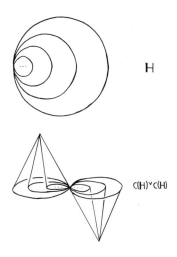

図 **1.2** ハワイアンイヤリングとその上の錐の一点和

同型だろうか？

　もう一つ例を見てみよう。

◆ **例 1.2（ハワイアンイヤリング）** $\mathbb{R}^{n+1}$ の部分集合 $\mathbb{H}_n$ を以下の様に定義する。

$$\mathbb{H}_n = \left\{ (x_0, \ldots, x_n) \in \mathbb{R}^{n+1} \,\middle|\, \left(x_0 - \frac{1}{n}\right)^2 + \sum_{i=1}^{n} x_i^2 = \frac{1}{n^2} \right\}.$$

$\mathbb{H}_n$ は可算個の n 次元球面を原点 O で張り合わせてできている。$\mathbb{H}_n$ にはユークリッド空間 $\mathbb{R}^{n+1}$ からの相対位相を入れる。

　$\mathbb{H} := \mathbb{H}_1$ をハワイアンイヤリングと呼ぶ。$n \geq 2$ に対して $\mathbb{H}_n$ を n 次元ハワイアンイヤリングと呼ぼう。$\mathbb{H}$ 上の錐を $C(\mathbb{H})$ と表す。$C(\mathbb{H})$ のコピーを 2 つ用意して原点 O で張り合わせたものを $C(\mathbb{H}) \vee C(\mathbb{H})$ とおく。

　$C(\mathbb{H})$ は可縮な空間だから基本群は自明であるが，$C(\mathbb{H}) \vee C(\mathbb{H})$ の基本群が自明でないことが知られている (Griffiths, 1954–55)。一方で $C(\mathbb{H}) \vee C(\mathbb{H})$ は

可縮な空間の 1 点和だから，何らかの意味で可縮性に近い性質を持っているはずである。そのような性質をどのように記述したらよいだろうか？

　　n 次元 CW 複体の特異ホモロジー群は n より大きい次元で 0 である。一方 $\mathbb{H}_n(n \geq 2)$ の特異ホモロジー群は n より大きなある次元で 0 でない ([7])。「$\mathbb{H}_n$ は n 次元空間である」という幾何学的な直観を反映する不変量はどんなものだろうか？

　　次は滑らかな写像から派生する例である。

◆ 例 1.3　（スメイルの馬蹄形写像）$\mathbb{R}^2$ 上に図 1.3 にあるような円盤 $D = A \cup B \cup C$ をとる。$f : \mathbb{R}^2 \to \mathbb{R}^2$ は $f(D)$ が図 1.3 のように表される微分同相写像（「D を水平方向に引き伸ばしてから二つ折りにして D の中に入れる」）とする（馬蹄形写像）。C の部分集合 $\Omega(f)$ を

$$\Omega(f) = \{p \in C \,|\, f^n(p) \in C \ \ \forall n \in \mathbb{Z}\}$$

と定める（非遊走集合という）。

　　$\Omega(f)$ は $\mathbb{R}^2$ のコンパクト部分集合で，完全不連結（即ち各連結成分はただ 1 点からなる）かつ孤立点を持たない。そのような空間はカントール 3 進集合と位相同型であることが知られている（定理 2.30）。$\Omega(f)$ の点は 0,1 の無限列全体の集合 2^∞ と 1 対 1 に対応し，しかも $f|\Omega(f)$ は 2^∞ 上の「シフト写像」と位相共役であることが知られている。このことから f の周期点の数，位相エントロピーなどに関する多くの情報が得られる。滑らかな写像を研究するためにも，複雑な空間が現れる例である。

　　上に挙げた空間は私達の持つ幾何学直感に反する様々な性質をもっているから，これらを病理的な例として考察の対象から外すことは一つの考え方である。実際多面体あるいは CW 複体の概念はこれらの空間たちを排除するように注意深く組み立てられていて，現代数学の基礎概念として大きな成功を収めている。一方でこれらの空間は多面体・多様体の「ごく近くに」存在する空間であるから，上のような問いを意味あるものとして研究することも，もう一つの考え方

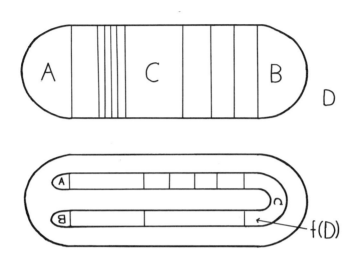

図 **1.3** スメイルの馬蹄形写像

である。本書は後者の立場をとり，多面体と同じホモトピー型を持たずかつ多面体・多様体に何らかの極限操作を行なって得られる空間を研究する方法，およびそれらを用いて得られる結果について紹介したい。そのような研究によって得られた知見の中には，前者の立場に立った研究に貢献できるものもあることが紹介できればと思う。

　本書で取り扱う範囲においては，最も細かい分類は「位相同型」によるものである。広い意味での微分構造や多面体構造，距離構造あるいは測度論的構造については考察されないが，それらの重要性は論を俟たない。

1.2 準備と記号

　本章の残りの節では記号の約束を行い，またいくつかの事柄を復習する。殆どが標準的な用語・記号であるから，ざっと眺めて必要に応じて参照していただければよい。

　集合 S の濃度を $|S|$ で表す。簡単のため，2 つの位相空間 X と Y が位相同

型であることを $X \approx Y$，ホモトピー同値であることを $X \simeq Y$ と略記すること
がある。用語法を節約して，本書を通じて「距離化可能空間」（即ちその位相が
距離から導かれている空間）と「距離空間」（即ち位相を与えるある特定の距
離が与えられている空間）を区別せずに用いる。ある特定の距離を考察してい
るときは「距離空間 (M, d)」のように距離 d を明示する。距離空間 (X, d) と
その部分集合 A，点 p に対して，$d(p, A) = \inf\{d(p, a) \mid a \in A\}$ とおく。また
$\varepsilon > 0$ に対して A の ε 開近傍および ε 閉近傍をそれぞれ

$$N(A; \varepsilon) = \{p \in X \mid d(p, A) < \varepsilon\}, \quad \bar{N}(A; \varepsilon) = \{p \in X \mid d(p, A) \le \varepsilon\}$$

とする。$A = \{a\}$ のときはこれらをそれぞれ $N(a; \varepsilon), \bar{N}(a; \varepsilon)$ と略記する。X
の部分集合 S に対して $\mathrm{diam}_d S = \sup\{d(a, b) \mid a, b \in S\}$ を S の**直径**という。
d を省略することもある。位相空間 X の部分集合 A の内部・閉包・境界をそ
れぞれ $\mathrm{Int}A, \bar{A}, \mathrm{Fr}A$ と表す。一方多様体 M の境界は ∂M と表される。

本書では「同相写像」と「位相同型写像」を同じ意味で用いる。位相空間の
間の連続写像 $f : X \to Y$ が閉写像で任意のファイバー $f^{-1}(y)$ がコンパクトで
あるとき，f を **perfect 写像**とよぶ。また Y の任意のコンパクト部分集合 K
に対して $f^{-1}(K)$ がコンパクトであるとき，f を **proper 写像**とよぶ（**固有写
像**ともよばれる）。perfect 写像は proper 写像である。

位相空間 X の被覆 $\mathcal{U}$ と部分集合 A に対して，$\mathrm{St}(A, \mathcal{U}) = \{U \in \mathcal{U} \mid U \cap A \ne \emptyset\}$，$\mathrm{st}(A, \mathcal{U}) = \bigcup_{U \in \mathrm{St}(A, \mathcal{U})} U$ とおく。A の被覆 $\{U \cap A \mid U \in \mathcal{U}\}$ を $\mathcal{U}|A$ と
表す。$\mathcal{U}$ に対して，被覆 $\mathrm{St}\,\mathcal{U} = \{\mathrm{St}(U, \mathcal{U}) \mid U \in \mathcal{U}\}$ を $\mathcal{U}$ の**星状被覆**とい
う。帰納的に $\mathrm{St}^n \mathcal{U} := \mathrm{St}(\mathrm{St}^{n-1}\mathcal{U})$ と定める。連続写像 $f : Z \to X$ に対して
$f^{-1}\mathcal{V} = \{f^{-1}(V) \mid V \in \mathcal{V}\}$ とおく。X の 2 つの被覆 $\mathcal{V}, \mathcal{W}$ に対して $\mathcal{W}$ が $\mathcal{V}$
の細分であるとは，任意の $W \in \mathcal{W}$ に対して $W \subset V$ を満たす $V \in \mathcal{V}$ が存在
することである。このとき $\mathcal{W} \preceq \mathcal{V}$ と表す。

(X, d) がコンパクト距離空間，$\mathcal{U}$ を X の開被覆とする。このとき $\delta > 0$ を
以下の様にとることができる：X の部分集合 A が $\mathrm{diam}_d(A) < \delta$ を満たすな
ら，$A \subset U$ を満たす $U \in \mathcal{U}$ が存在する。δ を $\mathcal{U}$ に関する**ルベーグ数**という。

単位閉区間 $I = [0, 1]$ の可算直積空間を**ヒルベルト立方体** (Hilbert cube) と

呼び，I^∞ で表す。以下のウリゾーンの距離化可能定理から，全ての可分距離空間は I^∞ のある部分集合と位相同型である。断らない限り I^∞ は以下の距離を持つとする：

$$\rho((x_i),(y_i)) = \sum_{i=1}^\infty \frac{|x_i - y_i|}{2^i}, \quad (x_i),(y_i) \in I^\infty. \tag{1.1}$$

以下の諸定理は本書全体において用いられる。証明は例えば [123] 参照。

◇ **定理 1.4**　　(1)　（ウリゾーンの補題）X を正規空間とする。X の互いに交わらない閉集合 A, B に対して，連続関数 $f : X \to [0,1]$ が $f|A \equiv 0$, $f|B \equiv 1$ を満たすように存在する。

(2)　（ティーツェの拡張定理）X を正規空間，A を X の閉集合とする。任意の連続写像 $f : A \to [0,1]$ は X への連続拡張，即ち連続写像 $F : X \to [0,1]$ で $F|A = f$ を満たすもの，を持つ。

(3)　（ウリゾーンの距離化可能定理）任意の第 2 可算正規空間は I^∞ の部分空間と同相である。特に距離化可能である。

(4)　（ベールの定理）M を完備距離化可能空間とする。$\{G_n \mid n = 1, 2, \ldots\}$ を M の稠密な開集合列とする。このとき共通部分 $\bigcap_{n=1}^\infty G_n$ は M で稠密である。

位相空間 X から位相空間 Y への連続写像全体を $C(X, Y)$ で表す。X がコンパクト空間，(Y, d) が距離空間とするとき，$C(X, Y)$ は距離

$$\bar{d}(f, g) = \sup\{d(f(x), g(x)) \mid x \in X\}, \quad f, g \in C(X, Y) \tag{1.2}$$

によって距離空間である。$\bar{d}$ を単に d と記すこともある。(Y, d) が完備距離空間なら $(C(X, Y), \bar{d})$ は完備距離空間である。位相空間 X 上の位相同型写像の全体を $\mathrm{Homeo}(X)$ で表す。(X, d) がコンパクト距離空間なら $\mathrm{Homeo}(X)$ は完備距離化可能空間である。

　二つの写像 $f, g \in C(X, Y)$ と $\varepsilon > 0$ に対して $\bar{d}(f, g) < \varepsilon$ が成り立つとき f と g は ε-**close** であるといって $f =_\varepsilon g$ と表す。$\mathcal{U}$ を Y の開被覆とする。任意

の $x \in X$ に対して $\{f(x), g(x)\} \subset U_x$ を満たす $U_x \in \mathcal{U}$ が存在するとき，f と g は $\mathcal{U}$-**close** であるといって $f =_{\mathcal{U}} g$ と表す。

写像 $f : X \to Y$ の，X の部分集合 $S \subset X$ への制限写像 $f|S : S \to Y$ を簡単に $f| : S \to Y$ と表すことがある。また集合 X が部分集合 A, B の和で $X = A \cup B$ と表されていて，2 つの写像 $f_A : A \to Y, f_B : B \to Y$ が $f_A|A \cap B = f_B|A \cap B$ を満たすとき，X 上に自然に定まる写像を $f_A \cup f_B : X \to Y$ と表す。

$f, g : X \to Y$ を連続写像とする。連続写像 $H : X \times [0, 1] \to Y$ が $H(x, 0) = f(x), H(x, 1) = g(x)$ $\forall x \in X$ を満たすように存在するとき，f と g はホモトピックであるといって $f \simeq g$ と表す。H を f と g を結ぶホモトピーという。$t \in [0, 1]$ に対して，$H_t : X \to Y$ を $H_t(x) = H(x, t)$, $x \in X$ で定め，$H = (H_t)_{0 \le t \le 1}$ と表すこともある。特に $f : X \to Y$ が定値写像とホモトピックのとき，f は零ホモトピックであると呼び，$f \simeq 0$ と表す。X の部分集合 A に対して $f|A = g|A$ としよう。f と g を結ぶホモトピー $(H_t)_{0 \le t \le 1}$ が $H_t(a) = f(a)$ $\forall t \in [0, 1]$ を満たすよう存在するとき，$f \simeq g$ rel.A と表す。$\mathcal{U}$ を Y の開被覆とする。任意の $x \in X$ に対して，$H(\{x\} \times [0, 1]) \subset U_x$ を満たす $U_x \in \mathcal{U}$ が存在するとき，H を $\mathcal{U}$-**ホモトピー**という。このとき $f \simeq_{\mathcal{U}} g$ と表す。d を Y の距離，$\varepsilon > 0$ とする。任意の $x \in X$ に対して $\mathrm{diam}_d H(\{x\} \times [0, 1]) < \varepsilon$ が成り立つとき，H を ε-**ホモトピー**といい，$f \simeq_{\varepsilon} g$ と表す。

位相空間 X から Y への連続写像のホモトピー類全体を $[X, Y]$ と表す。連続写像 $f : X \to Y$ と位相空間 Z に対して，写像 $f^{\sharp} : [Y, Z] \to [X, Z], g \mapsto g \circ f$ が誘導される。

位相空間 X とアーベル群 G に対して，X の i 次元 G 係数特異ホモロジー群，特異コホモロジー群を $\mathrm{H}_i(X; G)$, $\mathrm{H}^i(X; G)$ と表す。$G = \mathbb{Z}$ のとき，係数を省略して $\mathrm{H}_i(X)$, $\mathrm{H}^i(X)$ と書く。基点 $*$ を持った位相空間 X の基本群，ホモトピー群を $\pi_i(X, *)$ と表す。しばしば基点 $*$ を省略して $\pi_i(X)$ と書く。

単体的複体と多面体に関する基本的な事柄については付録を参照されたい。

2

多面体近似および極限操作

　本書で取り扱う多くの空間および写像は，無限反復操作による極限としてあらわされる。本章ではコンパクト距離空間の多面体による近似，極限操作による連続／同相写像の構成法，コンパクト空間の射影極限の基本性質，Gromov-Hausdorff 収束について述べる。複雑に見える箇所もあるが，アイディアはいずれもごく単純である。大まかなことを掴んだら次章以降に進み，必要に応じて戻っていただければよい。

2.1　多面体近似・脈複体

　ユークリッド空間 $\mathbb{R}^n$（より一般に PL 多様体）のコンパクト部分集合 X に対して，X のごく自然な多面体近似が取れる：$\mathbb{R}^n$ の単体分割の列 (T_i) を T_{i+1} は T_i の細分でかつ $\lim_{i \to \infty} \mathrm{mesh}\, T_i = 0$ を満たすようにとって，$P_i = \mathrm{st}(X, T_i)$ とおくと

$$P_1 \supset \cdots \supset P_i \supset P_{i+1} \supset \cdots \supset \bigcap_{i=1}^{\infty} P_i = X \tag{2.1}$$

が成り立つ。Warsaw circle（例 1.1）に対する近似列を下に挙げておいた（図 2.1）。

　上の方法はわかりやすく，また多くの場合有効なのだが，X の $\mathbb{R}^n$ への埋め込みに依存している。次の方法はそうでない場合にも適用できる。

◆ **定義 2.1**　位相空間 X の開被覆 $\mathcal{U}$ に対して単体的複体 $N_{\mathcal{U}}$ を以下のように定める：$N_{\mathcal{U}}$ の頂点集合を $\mathcal{U}$ とし，$U_1, \ldots, U_n \in \mathcal{U}$ は

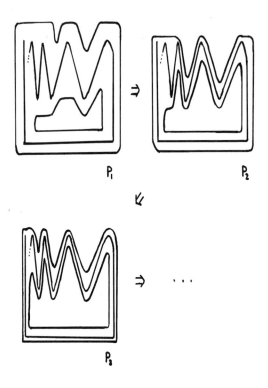

図 2.1 Warsaw circle の近似多面体列

$$\bigcap_{i=1}^{n} U_i \neq \emptyset$$

を満たすとき，またそのときに限り $N_{\mathcal{U}}$ の単体を張るとする．抽象的単体的複体 $N_{\mathcal{U}}$ を開被覆 $\mathcal{U}$ の**脈複体** (nerve complex) という．脈複体 $N_{\mathcal{U}}$ の定める多面体を $|N_{\mathcal{U}}|$ と表す．

◆ **定義 2.2**　連続写像 $\pi : X \to |N_{\mathcal{U}}|$ が**標準写像**であるとは

$$\pi^{-1}(O(U; N_{\mathcal{U}})) \subset U, \quad \forall U \in \mathcal{U}$$

が成立することである．ここで $O(U; N_{\mathcal{U}})$ は頂点 U の $N_{\mathcal{U}}$ における開星状近傍（付録参照）である．

◇**定理 2.3** [88, Appendix 1, Sec. 3] X を距離空間とする。X の任意の局所有限開被覆 $\mathcal{U}$ に対して標準写像 $\pi : X \to |N_{\mathcal{U}}|$ が存在する。

証明 (概略) 開被覆 $\mathcal{U}$ が局所有限だから，$\mathcal{U}$ に従属する単位の分割 $(\varphi_U : X \to [0,1])_{U \in \mathcal{U}}$，即ち以下の条件を満たす関数族が存在する。

$$\mathrm{supp}(\varphi_U) := \overline{\varphi_U^{-1}((0,1])} \subset U \quad (\forall U \in \mathcal{U}), \quad \text{かつ} \quad \sum_{U \in \mathcal{U}} \varphi_U = 1.$$

このとき $\pi : X \to |N_{\mathcal{U}}|$ を，$N_{\mathcal{U}}$ に関する重心座標（付録参照）を用いて

$$\pi(x) = \sum_{U \in \mathcal{U}} \varphi_U(x) U, \quad x \in X$$

と定めると，π が求める写像である。 $\square$

◇**系 2.4** (X, d) をコンパクト距離空間とする。任意の $\varepsilon > 0$ に対してコンパクト多面体 P と連続写像 $f : X \to P$ で

$$\mathrm{diam}_d f^{-1}(p) < \varepsilon, \quad \forall p \in f(X)$$

を満たすものが存在する。

証明 X の開被覆 $\mathcal{U}$ として $\mathrm{mesh}\,\mathcal{U} < \varepsilon/2$ を満たすものをとって上の定理を用いればよい。 $\square$

写像 f のファイバーはみな小さいから，f は X の多面体 P による近似を与えるとみなしてもよいであろう。

距離空間 X の開被覆 $\mathcal{U}$ に対して，$F_{\mathcal{U}}$ を $\mathcal{U}$ を頂点集合とする抽象的単体的複体で，$U_1, \ldots, U_n \in \mathcal{U}$ が以下を満たすときに限り単体を張るものとしよう：

$$\text{任意の } i, j = 1, \ldots, n \text{ に対して } U_i \cap U_j \neq \emptyset.$$

定義から $N_{\mathcal{U}}$ は $F_{\mathcal{U}}$ の部分複体である。$N_{\mathcal{U}}, F_{\mathcal{U}}$ をそれぞれ Čech 複体，Rips 複体と呼ぶこともある。ただし幾何学的群論においては Rips 複体は異なる意味で用いられる（第7章）。近年位相的データ解析において，ユークリッド空間上にプロットされたデータセットの近似として，Čech あるいは Rips 複体が用いられることがある。詳細は本シリーズ『パーシステントホモロジー』参照。

2.2　同相写像列の極限，Bing の Shrinking criterion

$(f_n : X \to Y)$ をコンパクト距離空間 X, Y 間の連続写像列とする．Y 上の距離 d を固定して (f_n) が式 (1.2) の距離 $\bar{d}$ に関する Cauchy 列なら，$f_\infty := \lim_{n\to\infty} f_n$ はまた連続写像である．もし各 f_n が全射なら，f_∞ も全射である．一方各 f_n が同相写像であっても，f_∞ が同相写像であるとは限らない．本節では同相写像を同相写像列の極限として構成する方法について述べる．以下の記述は [124] に従う．

2.2.1　同相写像極限

◆定義 2.5　$f : X \to Y$ をコンパクト距離空間 X, Y の間の連続写像とし，X 上の距離 d を固定する．$\varepsilon > 0$ に対して f が ε-写像であるとは

$$\operatorname{diam}_d f^{-1}(y) < \varepsilon, \quad \forall y \in f(X)$$

が成り立つことである．X から Y への ε-写像の全体を $E_\varepsilon(X, Y)$ で表す．

◇補題 2.6　X, Y をコンパクト距離空間，X 上の距離 d を固定する．$E_\varepsilon(X, Y)$ は $C(X, Y)$ の開集合である．

証明　（概略）$f \in E_\varepsilon(X, Y)$ と $y \in Y$ に対して，f が閉写像であることから，y の近傍 U_y を $\operatorname{diam}_d f^{-1}(U_y) < \varepsilon$ が成り立つように取れる．Y のコンパクト性から $\{U_y \mid y \in Y\}$ のルベーグ数 δ をとる（1.2 節）．$g =_{\delta/2} f$ としよう．各 $y \in Y$ に対して $N_{\delta/2}(y) \subset U_z$ を満たす $z \in Y$ をとると，$g^{-1}(y) \subset f^{-1}(N_{\delta/2}(y)) \subset f^{-1}(U_z)$ だから $g \in E_\varepsilon(X, Y)$ である．　□

◇定理 2.7 [124, Chap. 6, Sec. 1, Theorem 6.1.2]　X をコンパクト距離空間，X 上の距離 d を固定する．X 上の同相写像の列 $\{h_n : X \to X \mid n \in \mathbb{N}\}$ と，正の数列 $(\varepsilon_n), (\beta_n), (\delta_n)$ が以下を満たすとする：$\sum_n \varepsilon_n < \infty$, $\lim_{n\to\infty} \beta_n = \lim_{n\to\infty} \delta_n = 0$, かつ任意の n に対して

　(1)　$h_n =_{\varepsilon_n} \operatorname{id}_X$,

(2) $g =_{\beta_n} h_n \circ \cdots \circ h_1 \Rightarrow g \in E_{\delta_n}(X, X)$,

(3) $\sum_{i=n+1}^{\infty} \varepsilon_i \leq \beta_n$.

このとき $h_\infty := \lim_{n \to \infty} (h_n \circ h_{n-1} \circ \cdots \circ h_1)$ が存在して，X 上の同相写像である。

証明 $m \leq n$ に対して

$$d(h_m \circ \cdots \circ h_1, h_n \circ \cdots \circ h_1) \leq \sum_{i=m+1}^{n} \varepsilon_i$$

だから $\sum_n \varepsilon_n < \infty$ より $(h_n \circ \cdots \circ h_1)_{n \geq 1}$ は Cauchy 列である。したがって $h_\infty := \lim_{n \to \infty} (h_n \circ h_{n-1} \circ \cdots \circ h_1)$ は連続写像である。各 h_n が全射だから h_∞ も全射である。$d(h_\infty, h_n \circ h_{n-1} \circ \cdots \circ h_1) \leq \sum_{i=n+1}^{\infty} \varepsilon_i$ だから仮定 (2) と (3) から h_∞ は δ_n-写像である。$\lim_{n \to \infty} \delta_n = 0$ だから h_∞ の各ファイバーは 1 点であり，したがって h_∞ は単射である。 $\square$

　上の定理を適用したい状況では，同相写像 h_n を id_X に望むだけ近くとれることが多い。そのような場合には，$(h_n), (\varepsilon_n), (\beta_n), (\delta_n)$ を帰納的に構成して，定理の仮定が満たされるようにする。ここでは応用として，次の定理を示してみよう。

◆ **定義 2.8** 位相空間 X の任意の点 $x, y \in X$ に対して $h(x) = y$ を満たす同相写像 $h : X \to X$ が存在するとき，即ち X の同相写像群が X 上推移的に作用するとき，X を**位相的等質** (topologically homogenous) であるという。

　連結で境界を持たない位相多様体や，位相群は位相的等質である。多様体が境界を持っているときには位相的等質ではない。特に $[0,1]^n$ は位相的に等質でないのだが，無限積をとると事情が違う：

◇ **定理 2.9** (Keller 1931)[124, Chap.6, Sec.1, Theorem 6.1.6] ヒルベルト立方体 $[0,1]^\infty$ は位相的に等質である。

　ここでは概略を示すにとどめる。詳しい証明は上の文献を参照。

　$s = (0,1)^\infty$ とおく (pseudo-interior という。$\mathrm{Int}(s) = \emptyset$ に注意)。$\mathbf{1} = (1,1,1,\ldots)$ とおいて，$\mathbf{1}$ を s の中に写す同相写像 $h : [0,1]^\infty \to [0,1]^\infty$ を構成

する。簡単のため $Q = [0,1]^\infty$ とおく。第 i 因子の単位区間を J_i と表わし，第 i 座標への射影を p_i で表す：$p_i : Q = \prod_{k=1}^\infty J_k \to J_i$.

まず次の補題を示す。上の記号の下で：

◇ **補題 2.10**　$x \in Q$ とする。任意の $m \geq 1$ と $\varepsilon > 0$ に対して，同相写像 $h : Q \to Q$ で以下を満たすものが存在する：

(1)　$h =_\varepsilon \mathrm{id}_Q$,

(2)　$p_m(h(x)) \in (0,1)$ かつ，任意の $i = 1, \ldots, m-1$ に対して $p_i(h(x)) = p_i(x)$ が成り立つ。

証明　$p_m(x) \in (0,1)$ なら $h = \mathrm{id}_Q$ とすればよい。$p_m(x) = 1$ とする。$n > m$ を十分大きくとって $2^{-(n-2)} < \varepsilon$ とする。同相写像 $k : J_m \times J_n \to J_m \times J_n$ を以下の様にとる：

(i)　$k(\{1\} \times J_n) \subset J_m \times \{1\}$, $p_m(k(\{1\} \times J_n)) \subset (0,1)$,

(ii)　$k|[0, 1 - \frac{1}{2^{n-1}}] \times J_n = \mathrm{id}_{[0, 1 - \frac{1}{2^{n-1}}] \times J_n}$

図 2.2 参照。$h = k \times \prod_{i \neq m,n}^\infty \mathrm{id}_{J_i} : Q \to Q$ とおけば，(2) が成り立つことは見やすい。(1) を確かめるために $z = (z_k) \in Q$ とすると，h の定義から

$$h(z) = (z_1, \ldots, z_{m-1}, p_m(k(z_m, z_n)), z_{m+1}, \ldots, z_{n-1}, p_n(k(z_m, z_n)), z_{n+1}, \ldots,)$$

と表せるから，$|p_m(k(z_m, z_n)) - z_m| < 1/2^{n-1}$ と n の取り方，および Q 上の距離の定義（第 1 章，式 (1.1)）より (1) がわかる。$p_m(x) = 0$ のときも同様である。　　　　　　□

定理 2.9 の証明　$\varepsilon_1 > 0$ を適当にとって上の補題を $m = 1$ と $\mathbf{1}$ に対して適用すると，同相写像 $h_1 : Q \to Q$ が以下を満たすようにとれる：

(1.1)　$h_1 =_{\varepsilon_1} \mathrm{id}_Q$,

(1.2)　$p_1(h(\mathbf{1})) \in (0,1)$.

次に $\varepsilon_2 > 0$ を十分小さくとって，$m = 2$ と $x = h_1(\mathbf{1})$ に対して補題を用いれば，同相写像 $h_2 : Q \to Q$ が以下の様にとれる：

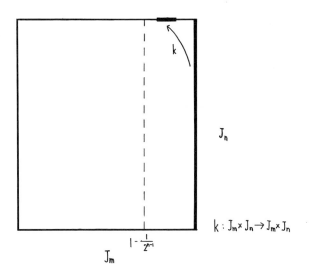

図 **2.2** 同相写像 k

(2.1) $\quad h_2 =_{\varepsilon_2} \mathrm{id}_Q,$

(2.2) $\quad p_2(h_2(h_1(\mathbf{1}))) \in (0,1)$ かつ，$p_1(h_2(h_1(\mathbf{1}))) = p_1(h_1(\mathbf{1})).$

同様に $\varepsilon_3 > 0$ を十分小さくとって，$m = 3$ と $(h_2 \circ h_1)(\mathbf{1})$ に対して補題を用いて，同相写像 $h_3 : Q \to Q$ を

(3.1) $\quad h_3 =_{\varepsilon_3} \mathrm{id}_Q,$

(3.2) $\quad p_3(h_3 \circ h_2 \circ h_1(\mathbf{1})) \in (0,1)$ かつ，$i = 1,2$ に対して，

$\quad\quad p_i(h_3 \circ h_2 \circ h_1(\mathbf{1})) = p_i(h_2 \circ h_1(\mathbf{1}))$

が成り立つようにとる。これを続けて同相写像列 (h_n) を構成する。$\varepsilon_n > 0$ を任意に小さくとって h_n を構成できるから，定理 2.7 の仮定が満たされるように ε_n，β_n, δ_n を帰納的に定めることができる。よって $h_\infty = \lim\limits_{n \to \infty} (h_n \circ \cdots h_2 \circ h_1) :$ $Q \to Q$ が同相写像となるように (h_n) を構成でき，$h_\infty(\mathbf{1}) \in s$ が成り立つ。 $\quad\square$

2.2.2　Bing の Shrinking criterion

◆ 定義 2.11　$f : X \to Y$ をコンパクト距離空間の間の全射連続写像とする。Y 上の距離を一つ固定する。任意の $\varepsilon > 0$ に対して同相写像 $h : X \to Y$ が $f =_\varepsilon h$ を満たすよう存在するとき，f は **near-homeomorphism** であるという。

　f が near-homeomorphism であるという性質は Y の距離によらないから，以後 Y の距離は明示しない。Near-homeomorphism は常に全射であることに注意。2 次元以下の多様体 M 上の全射連続写像 $f : M \to M$ が near-homeomorphism であるための必要十分条件は，任意の $p \in M$ に対して $f^{-1}(p)$ が連結であることである。$\dim M = 1$ のときにこのことを示すことは難しくない。$\dim M = 2$ のときは [134] による。

　f が near-homeomorphism であることが確認できれば，X と Y が位相同型であることが自動的に従う。次に述べる Bing の Shrinking criterion は，2 つの空間の間の同相写像を具体的に構成することが難しい場合に，それらが位相同型であることを示すための手法の一つである。M. Freedman が 4 次元ポアンカレ予想（位相同型カテゴリー）の解決 (1982) に用いたことで広く知られるようになった。本書では第 6 章における中心的な手法の一つである。この構成で得られる近似同相写像は C^0-極限操作によって得られていて，f が可微分多様体上の滑らかな写像であっても，極限写像が微分同相写像であるとは限らない。ここでは [124] に従って証明する。

◇ 定理 2.12 (Bing の Shrinking criterion) [124, Chap.6, section 1, Theorem 6.1.8]　$f : X \to Y$ をコンパクト距離空間の間の連続全射とする。以下の 2 条件は同値である。

(1)　f は near-homeomorphism である。

(2)　任意の $\varepsilon > 0$ に対して次を満たす X 上の同相写像 $h : X \to X$ が存在する：

(2.1)　$f \circ h =_\varepsilon f,$

(2.2)　任意の $y \in Y$ に対して $\mathrm{diam}(h(f^{-1}(y))) < \varepsilon.$

証明　X, Y の距離をそれぞれ d_X, d_Y とする。

(1)⇒(2): f が near-homeomorphism であるとしよう。任意の $\varepsilon > 0$ に対して，$f =_{\varepsilon/2} g$ を満たす同相写像 $g : X \to Y$ をとり，δ を，$0 < \delta < \varepsilon$ かつ

$$y_1, y_2 \in Y, \ d_Y(y_1, y_2) < \delta \Rightarrow d_X(g^{-1}(y_1), g^{-1}(y_2)) < \varepsilon$$

が成り立つように選ぶ。同相写像 $k : X \to Y$ を $f =_{\delta/2} k$ を満たすようにとり，$h := g^{-1} \circ k : X \to X$ が (2.1), (2.2) を満たすことを示せばよい。

$$d_Y(f \circ h, f) \leq d_Y(f \circ g^{-1} \circ k, k) + d_Y(k, f) < d_Y(f \circ g^{-1}, \mathrm{id}_Y) + \frac{\delta}{2}$$
$$= d_Y(f \circ g^{-1} \circ g, g) + \frac{\varepsilon}{2} < \varepsilon,$$

よって $f \circ h =_\varepsilon f$。次に $y \in Y$ と $z \in k(f^{-1}(y))$ に対して $z = k(x)$（但し $x \in f^{-1}(y)$）とおくと $d_Y(y, z) = d_Y(f(x), k(x)) < \delta/2$ だから，$\mathrm{diam}_{d_Y}(k(f^{-1}(y))) < \delta$，したがって $\mathrm{diam}_{d_X}(h(f^{-1}(y))) = \mathrm{diam}_{d_X}(g^{-1}k(f^{-1}(y))) < \varepsilon$ が成り立つ。

(2)⇒(1).　f が (2) を満たすとする。まず次を示す：

> (♯)　任意の同相写像 $\varphi : X \to X$ と任意の $\varepsilon > 0$ に対して，次を満たす同相写像 $\psi : X \to X$ が存在する：$f \circ \varphi =_\varepsilon f \circ \psi$，かつ $f \circ \psi$ は ε-写像。

実際，δ を $0 < \delta < \varepsilon$ かつ

$$y_1, y_2 \in Y, d_Y(y_1, y_2) < \delta \Rightarrow d_X(\varphi^{-1}(y_1), \varphi^{-1}(y_2)) < \varepsilon$$

を満たすようにとり，仮定 (2) を δ に対して用いて同相写像 $h : X \to X$ を $f =_\delta h$ かつ $\mathrm{diam}_{d_X}(h(f^{-1}(y))) < \delta \ \ \forall y \in Y$ ととる。このとき $\psi := h^{-1} \circ \varphi : X \to X$ が求めるものである。

さて $\varepsilon > 0$ を任意にとり，(♯) を用いて X 上の同相写像列 $(h_n)_{n \geq 0}$ と正の数列 $(\beta_n)_{n \geq 1}$ を以下のように構成する。$h_0 = \mathrm{id}_X$ として

(a)　$f \circ h_n : X \to Y$ は $\dfrac{1}{n}$-写像，

(b)　$g =_{\beta_n} f \circ h_n$ なら g は $\dfrac{1}{n}$-写像,

(c)　$d_Y(f \circ h_{n+1}, f \circ h_n) < \dfrac{\min(\varepsilon, \beta_n)}{3^n}$.

(c) から $h_\infty = \lim_{n \to \infty} (f \circ h_n) : X \to Y$ が連続全射として定まり, $f =_\varepsilon h_\infty$ を満たす. (c) から $h_\infty =_{\beta_n} f \circ h_n$ だから, (b) より h_∞ は任意の n に対して $1/n$-写像, したがって同相写像である. 　　　　　　　□

　上の定理の応用として次を示してみよう.

◆ **定義 2.13**　M を n 次元位相多様体, X を M のコンパクト部分集合とする. 以下を満たす n 次元球体の単調減少列 $(D_i)_{i \geq 1}$ が存在するとき X を **cellular 集合**という：

$$D_1 \supset \mathrm{Int}D_1 \supset D_2 \supset \cdots \supset D_k \supset \mathrm{Int}D_k \supset \cdots \supset \bigcap_{k=1}^{\infty} D_k = X.$$

　M 内の n 次元球体は明らかに cellular である. Topological $\sin(1/x)$-curve A（例 1.1）も $\mathbb{R}^2$ 内で cellular である.

◇ **定理 2.14**　M をコンパクト n 次元位相多様体, X を M の cellular 集合とする. X を 1 点に縮めて得られる空間 M/X への射影を $\pi : M \to M/X$ とする. このとき π は near-homeomorphism である. 特に M/X は M と位相同型である.

証明　M/X はコンパクト距離空間である. M と M/X 上の距離 ρ, d をそれぞれ固定する. $\pi(X) = \{x\}$ とおく. X の cellularity から, 任意の $\varepsilon > 0$ に対して M の n 次元球体 D を

$$X \subset \mathrm{Int}D \subset D \subset \pi^{-1}(N_d(x; \varepsilon))$$

を満たすようにとる. $\mathbb{R}^n$ の単位球体 $B^n = \{x \in \mathbb{R}^n \mid \|x\| \leq 1\}$（$\|\cdot\|$ は標準ノルム）と D との間の同相写像 $\varphi : B^n \to D$ を一つ固定する. $\delta > 0$ を以下のようにとる：

$$p, q \in B^n, \|p - q\| < \delta \Rightarrow \rho(\varphi(p), \varphi(q)) < \varepsilon.$$

$\varphi^{-1}(X) \cap \partial B^n = \emptyset$ に注意して B^n 上の同相写像 $k : B^n \to B^n$ を

$$\operatorname{diam} k(\varphi^{-1}(X)) < \delta, \quad k|\partial B^n = \operatorname{id}_{\partial B^n}$$

を満たすようにとり,D 上の同相写像 $h := \varphi \circ k \circ \varphi^{-1} : D \to D$ を,$h|M \setminus D = \operatorname{id}_{M \setminus D}$ として M 上の同相写像に拡張する。k と δ の取り方から $\operatorname{diam}_\rho h(X) = \operatorname{diam}_\rho h(\pi^{-1}(x)) < \varepsilon$ が成り立ち,また $D \subset \pi^{-1}(N_d(x;\varepsilon))$ だから $\pi \circ h =_\varepsilon \pi$ である。$y \neq x \in M/X$ に対して,$\pi^{-1}(y)$ は 1 点集合であることに注意。定理 2.12 より π は near-homeomorphism である。 $\square$

✔ **注意 2.15** 上の定理の逆も成り立つ。即ち位相多様体 M 内のコンパクト集合 X に対し,$\pi : M \to M/X$ が near-homeomorphism ならば X は cellular である。

こうして例 1.1 の最後に述べた問題に答えることができる。

◇ **系 2.16** A を topological $\sin(1/x)$-curve とする。このとき $\mathbb{R}^2/A$ は $\mathbb{R}^2$ と位相同型である。

2.3 射影極限

2.1 節において,コンパクト空間 X の開被覆が定める脈複体が X の多面体による近似とみなせることを述べた。X の開被覆をどんどん細かくしていけば X をよりよく近似する多面体の列が得られて,X はその「極限」となる。ここでの「極限」は以下に述べる射影極限によって記述できる。射影極限は,次章以降複雑な構造を持つ空間を構成する方法として何度も用いられる。本書で取り扱う範囲においては添字集合が 0 以上の整数 $\mathbb{Z}_{\geq 0}$ あるいは $\mathbb{N}$ である射影極限のみ考えれば十分であるが,ひとまずは一般的な定義を与える。一般論によって見通しがよくなる場合があるからである。

◆ **定義 2.17** 半順序集合 Λ が,任意の $\lambda, \mu \in \Lambda$ に対して $\nu \geq \lambda, \mu$ を満たす $\nu \in \Lambda$ を持つとき,Λ を**有向集合**という。有向集合 Λ によって添字づけられた位相空間の族 $\{X_\lambda \mid \lambda \in \Lambda\}$ と連続写像の族 $\{p_{\lambda\mu} : X_\mu \to X_\lambda \mid \lambda, \mu \in \Lambda, \lambda \leq \mu\}$ が,任意の $\lambda \leq \mu \leq \nu$ に対して $p_{\lambda\nu} = p_{\lambda\mu} \circ p_{\mu\nu}$ を満たすとき,

$\mathbf{X} = (X_\lambda, p_{\lambda\mu}; \Lambda)$ を位相空間の射影系という．$\mathbf{X}$ の射影極限 $\varprojlim \mathbf{X}$ (projective limit)（あるいは逆極限 (inverse limit)）を，直積空間 $\prod_{\lambda \in \Lambda} X_\lambda$ の部分空間として

$$\varprojlim \mathbf{X} = \left\{ (x_\lambda)_{\lambda \in \Lambda} \in \prod_{\lambda \in \Lambda} X_\lambda \,\middle|\, \lambda \le \mu \text{ を満たす任意の } \lambda, \mu \in \Lambda \text{ に対して} \right.$$
$$\left. p_{\lambda\mu}(x_\mu) = x_\lambda \right\}$$

と定める．$\lambda \in \Lambda$ に対して $p_\lambda : \varprojlim \mathbf{X} \to X_\lambda$ を自然な射影とする．

定義から直ちに：

◇ **命題 2.18**　$\mathbf{X} = (X_\lambda, p_{\lambda\mu}; \Lambda)$ を位相空間の射影系とする．

(1)　$\Lambda' \subset \Lambda$ が Λ で**共終** (cofinal)，即ち任意の $\lambda \in \Lambda$ に対して $\lambda' \ge \lambda$ を満たす $\lambda' \in \Lambda'$ が存在するとする．$\mathbf{X}' = (X_{\lambda'}, p_{\lambda'_1 \lambda'_2}; \Lambda')$ とおくと，自然な写像 $\varprojlim \mathbf{X} \to \varprojlim \mathbf{X}'$ は同相写像である．

(2)　位相空間 Y と連続写像の族 $\{ f_\lambda : Y \to X_\lambda \mid \lambda \in \Lambda \}$ で

$$p_{\lambda\mu} \circ f_\mu = f_\lambda, \; \forall \lambda, \mu \in \Lambda, \; \lambda \le \mu$$

を満たすものに対して，$f : Y \to \varprojlim \mathbf{X}$ が $p_\lambda \circ f = f_\lambda \; \forall \lambda \in \Lambda$ を満たすよう，一意に存在する．

上の (2) は $(p_\lambda : \varprojlim \mathbf{X} \to X_\lambda)$ が位相空間と連続写像のなす圏の射影極限であることを示している．

◆ **例 2.19**　　(1)　X を多様体 M のコンパクト集合として，式 (2.1) のように (P_i) をとる．各 $i \le j$ に対して $k_{ij} : P_j \hookrightarrow P_i$ を包含写像として射影系 $\mathbf{X} = (P_i, k_{ij}; \mathbb{Z}_{\ge 0})$ をとる．$(X \hookrightarrow X_i)$ が誘導する写像 $X \to \varprojlim \mathbf{X}$ は，位相同型写像である．注 2.23 も参照．

(2)　$(X_i)_{i \ge 0}$ をコンパクト距離空間の列，$m \le n$ に対して $\pi_{mn} : \prod_{i=0}^n X_i \to \prod_{i=0}^m X_i$ を自然な射影とする．射影系 $\Pi = (\prod_{i=0}^n X_i, \pi_{mn}; \mathbb{Z}_{\ge 0})$ の極限 $\varprojlim \Pi$ は直積 $\prod_{n=0}^\infty X_n$ と位相同型である．

非負の整数 $\mathbb{Z}_{\geq 0}$ を添え字集合とする射影系 $(X_i, p_{ij} : X_j \to X_i; \mathbb{Z}_{\geq 0})$ に対して，記号を簡単にするため $p_{k\,k+1} : X_{k+1} \to X_k$ を p_k と書くことも多い。この記号の下で $p_{ij} = p_i \circ \cdots \circ p_{j-1}$ に注意。このとき射影極限からの射影を $p_{i\infty} : \varprojlim(X_j, p_j) \to X_i$ などと表す。

◇ **定理 2.20** [88, Chap.I, section 5.2]　空でないコンパクトハウスドルフ空間と連続写像からなる射影系 $\mathbf{X} = (X_\lambda, p_{\lambda\mu} : X_\mu \to X_\lambda; \Lambda)$ に対して以下が成り立つ。

  (1)　$\varprojlim \mathbf{X}$ は空でないコンパクトハウスドルフ空間である。

  (2)　任意の $\lambda, \mu \in \Lambda, \lambda \leq \mu$ に対して $p_{\lambda\mu}$ が全射ならば，任意の λ に対して射影 $p_\lambda : \varprojlim \mathbf{X} \to X_\lambda$ も全射である。

証明　(1) 各 X_α がハウスドルフ空間だから $\varprojlim \mathbf{X}$ は $\prod X_\alpha$ の閉集合である。$\lambda, \mu \in \Lambda, \lambda \leq \mu$ に対して $X(\lambda, \mu) = \{(x_\alpha) \in \prod X_\alpha \mid p_{\lambda\mu}(x_\mu) = x_\lambda\}$ とおく。定義から $\varprojlim \mathbf{X} = \bigcap_{\lambda \leq \mu} X(\lambda, \mu)$ が成り立つ。Λ が有向集合であることを用いて，$\{X(\lambda, \mu)\}$ が有限交叉性をもつ閉集合族であることを示すことができる。$\prod_\alpha X_\alpha$ はコンパクトだから $\varprojlim \mathbf{X}$ は空集合でない。

  (2) λ と $a_\lambda \in X_\lambda$ を固定し，$\mu \geq \lambda$ に対して $F_\mu = p_{\lambda\mu}^{-1}(a_\lambda)$ とおくと F_μ は X_μ のコンパクト部分集合である。$\nu \geq \mu \geq \lambda$ なら $p_{\mu\nu}(F_\nu) \subset F_\mu$ だから，$(F_\mu, p_{\mu\nu}|F_\nu : F_\nu \to F_\mu; \nu \geq \mu \geq \lambda)$ はコンパクト空間からなる射影系である。(1) より $\varprojlim F_\lambda$ は空集合でない。$a_\infty \in \varprojlim F_\lambda$ は $p_\lambda(a_\infty) = a_\lambda$ を満たす。　□

射影極限に関するいくつかの基本的な事柄を [88] に従って証明する。

◇ **定理 2.21** [88, Chap. I, section 5.2]　コンパクトハウスドルフ空間と連続写像からなる射影系 $\mathbf{X} = (X_\lambda, p_{\lambda\mu} : X_\mu \to X_\lambda; \Lambda)$ に対して，$X = \varprojlim \mathbf{X}$ とおき，また $p_\lambda : X \to X_\lambda$ を射影とする。

  (1)　X の任意の開被覆 $\mathcal{U}$ に対して，$\lambda \in \Lambda$ と X_λ の開被覆 $\mathcal{U}_\lambda$ が，$p_\lambda^{-1}(\mathcal{U}_\lambda) \preceq \mathcal{U}$ を満たすようにとれる。

  (2)　$p_\lambda(X)$ の X_λ における任意の開近傍 U に対して，$\mu \geq \lambda$ が $p_{\lambda\mu}(X_\mu) \subset U$ を満たすようにとれる。

証明　(1) 任意の $x \in X$ に対して $x \in U_x \in \mathcal{U}$ なる U_x をとる。積位相と射影系の定義から $\lambda(x) \in \Lambda$ と $p_\lambda(x)$ の開近傍 $U_{\lambda(x)}$ が $p_{\lambda(x)}^{-1}(U_{\lambda(x)}) \subset U_x$ を満たすよう存在する（Λ が有向集合であることに注意）。X がコンパクトであることから，開被覆 $\{p_{\lambda(x)}^{-1}(U_{\lambda(x)}) \mid x \in X\}$ から有限部分被覆を取り，$X = \bigcup_{i=1}^{n} p_{\lambda(x_i)}^{-1}(U_{\lambda(x_i)})$ とおく。$\lambda \geq \lambda(x_1), \ldots, \lambda(x_n)$ を満たす λ をとって $\mathcal{U}_\lambda = \{p_{\lambda(x_i)\lambda}^{-1}(U_{\lambda(x_i)}) \mid i = 1, \ldots, n\}$ とおくと，$\mathcal{U}_\lambda$ が求めるものである。

(2) 任意の $\mu \geq \lambda$ に対して $p_{\lambda\mu}(X_\mu) \setminus U \neq \emptyset$ と仮定する。各 $\mu \geq \lambda$ に対して $Y_\mu = X_\mu \setminus p_{\lambda\mu}^{-1}(U)$ とおくと，Y_μ は空でないコンパクト集合で $p_{\mu\nu}(Y_\nu) \subset Y_\mu$ を満たす。定理 2.20 から射影極限 $\varprojlim(Y_\mu, p_{\mu\nu}|Y_\nu : Y_\nu \to Y_\mu; \nu \geq \mu \geq \lambda)$ は空集合でない。そこで点 $y = (y_\mu) \in \varprojlim(Y_\mu, p_{\mu\nu}|Y_\nu : Y_\nu \to Y_\mu; \nu \geq \mu \geq \lambda)$ をとる。任意の $\kappa \in \Lambda$ に対して $\mu \geq \kappa, \lambda$ を満たす μ をとって $z_\kappa = p_{\kappa\mu}(y_\mu)$ とおくと，z_κ は μ の取り方によらずにきまり，$\kappa_1 \leq \kappa_2$ なら $p_{\kappa_1\kappa_2}(z_{\kappa_2}) = z_{\kappa_1}$ が成り立つから，$z = (z_\kappa) \in X$ である。よって $z_\lambda \in p_\lambda(X) \subset U$ であるが，z_λ および y_μ の取り方から $\mu \geq \lambda$ に対して $z_\lambda = p_{\lambda,\mu}(y_\mu) \notin U$ だから矛盾である。これで (2) が示された。　　　　□

集合 S の濃度を $\operatorname{card} S$ で，また位相空間 X の位相濃度，即ち X の開基の最小濃度を $w(X)$ で表す。

◇ **定理 2.22** [88, Chap.1, Sec.5.2, Theorem 7]　任意のコンパクトハウスドルフ空間 X に対して，コンパクト多面体からなる射影系 $\mathbf{X} = (X_\lambda.p_{\lambda\mu} : X_\mu \to X_\lambda; \Lambda)$ で，$\operatorname{card} \Lambda \leq w(X)$ かつ $X = \varprojlim \mathbf{X}$ を満たすものが存在する。特に任意のコンパクト距離空間 X に対してコンパクト多面体からなる射影系 $\mathbf{X} = (X_n.p_n : X_{n+1} \to X_n; \mathbb{Z}_{\geq 0})$ で $X = \varprojlim \mathbf{X}$ を満たすものが存在する。

証明　ここでは X をコンパクト距離空間，したがって $w(X) = \aleph_0$ と仮定して証明する。一般の場合の証明は上記の文献参照。

X は可分距離空間だから，ウリゾーンの距離化可能定理（1.2 節）から $X \subset [0,1]^\infty$ と仮定してよい。第 k 番目の因子を I_k と表し，$I^k = I_0 \times \cdots \times I_k$ とおく。$k \leq \ell$ に対して，$\pi_{k\ell} : I^\ell \to I^k$ を I^ℓ から I^k への射影とする。例 2.19 (2) から $I^\infty = \varprojlim(I^k, \pi_{k\ell}; \mathbb{Z}_{\geq 0})$ に注意。各 k に対して $\pi_k : I^\infty \to I^k$ を射影とする。$\pi_k(X)$ の多面体近傍 P_k を次を満たすようにとる：

(a)　$\pi_k(X) \subset \mathrm{Int} P_k$,

(b)　$P_{k+1} \subset \pi_{kk+1}^{-1}(P_k)$,　したがって $\pi_{k+1}^{-1}(P_{k+1}) \subset \pi_k^{-1}(P_k)$,

(c)　$X = \bigcap_{i=1}^{\infty} \pi_k^{-1}(P_k)$.

$p_{k\ell} := \pi_{k\ell}|P_\ell : P_\ell \to P_k$ とおいて射影系 $(P_k, p_{k\ell} : P_\ell \to P_k ; \mathbb{Z}_{\geq 0})$ を考える。$i_k : X \hookrightarrow \pi_k^{-1}(P_k)$ を包含写像とする。合成写像

$$f_k = \pi_k \circ i_k : X \hookrightarrow \pi_k^{-1}(P_k) \to P_k$$

は $f_k = \pi_{k\ell} \circ f_\ell,\ k \leq \ell$ を満たすから，命題 2.18 から連続写像 $f := \varprojlim_k f_k :$ $X \to \varprojlim(P_k, p_{k\ell})$ が誘導される。(c) から f は全単射で，X がコンパクトだから f は同相写像である。　　　　　　　　　　　　　　　　　　　　□

✔ **注意 2.23**　　(1)　上の定理において，コンパクト距離空間 X に対する射影系 $\mathbf{X} = (X_k. p_k : X_k \to X_{k-1} ; \mathbb{Z}_{\geq 0})$ を，$X = \varprojlim \mathbf{X}$，各 X_k はコンパクト多面体 かつ各 p_k は全射であるようにとることができる [89]。

(2)　上の証明は近似列 (2.1) のアイディアに基づいたものといえる。脈複体による 近似を用いるアイディアについては注意 4.22 参照。

(3)　$\mathbf{X} = (X_i. p_i : X_i \to X_{i-1} ; \mathbb{Z}_{\geq 0})$ をコンパクト距離空間の射影系，$X = \varprojlim \mathbf{X}$ とおく。$M^\infty = \prod_{k=1}^{\infty} X_k,\ P_i = \{(x_j) \in M^\infty \mid p_k(x_k) = x_{k-1},\ k = 1, \ldots, i\}$ とおく。このとき射影極限 X を (2.1) と類似の形に

$$P_1 \supset P_2 \supset \cdots \supset P_i \supset \cdots \supset \bigcap_{i=1}^{\infty} P_i = X$$

と表すことができる。

　次の定理は射影極限のトポロジーを調べるための基本的な役割を果たす。ここでは [88] に従って証明を与える。以下の証明では $\mathbb{R}^n$ の部分多面体 P に対して，P の正則近傍 R とレトラクション $r : R \to P$（即ち $r|P = \mathrm{id}_P$ を満たす連続写像）が存在することを用いる（例えば [82] 参照）。

◇ **定理 2.24** [88, Chap. 1, Sec.5.2, Theorem 8]　$\mathbf{X} = (X_\lambda, p_{\lambda\mu} ; \Lambda)$ をコンパクトハウスドルフ空間からなる射影系，$X = \varprojlim \mathbf{X}$ からの射影を $p_\lambda : X \to X_\lambda$ とする。

(1) 任意の $\varepsilon > 0$, 任意のコンパクト多面体 P と連続写像 $f : X \to P$ に対して, $\lambda \in \Lambda$ と連続写像 $f_\lambda : X_\lambda \to P$ が $f =_\varepsilon f_\lambda \circ p_\lambda$ を満たすように存在する。

(2) コンパクト多面体 P と $\varepsilon > 0$, $\lambda \in \Lambda$ に対して 2 つの連続写像 $f, g : X_\lambda \to P$ が $f \circ p_\lambda =_\varepsilon g \circ p_\lambda$ を満たすとする。このとき $\mu \geq \lambda$ が $f \circ p_{\lambda\mu} =_\varepsilon g \circ p_{\lambda\mu}$ を満たすように存在する。

証明　(1) P をユークリッド空間 $\mathbb{R}^n$ のコンパクト部分多面体とし, P の正則近傍 R とレトラクション $r : R \to P$ をとる。$\varepsilon > 0$ に対して $\delta > 0$ を以下のようにとる：ρ をユークリッド空間の標準距離として

(a) $\delta < \dfrac{\varepsilon}{2}$ かつ $N(P; \delta) \subset R$,

(b) $\rho(x, y) < \delta$, $x, y \in R \Rightarrow \rho(r(x), r(y)) < \dfrac{\varepsilon}{2}$.

X の開被覆 $\mathcal{U}$ を

$$\mathrm{diam}_\rho(\mathrm{conv}(f(\overline{U}))) < \delta, \quad \forall U \in \mathcal{U} \tag{2.2}$$

が成り立つように選ぶ。ここで $\mathrm{conv} f(\overline{U})$ は $f(\overline{U})$ の凸包を表す。定理 2.21 から μ と X_μ の開被覆 $\mathcal{V}$ が $p_\mu^{-1}(\mathcal{V}) \preceq \mathcal{U}$ が成り立つよう存在する。$\mathrm{St}\mathcal{W} \preceq \mathcal{V}$ を満たす X_μ の有限開被覆 $\mathcal{W}$ をとって $\mathcal{W}_0 = \mathrm{St}(p_\mu(X), \mathcal{W}) := \{W \in \mathcal{W} \mid W \cap p_\mu(X) \neq \emptyset\}$ とおき, $W_0 = \bigcup_{W \in \mathcal{W}_0} W$ とおく。次に $p_\mu(X)$ の閉近傍 K を $p_\mu(X) \subset K \subset W_0$ ととる。各 $W \in \mathcal{W}_0$ に対して $\mathbb{R}^n$ の点 $y_W \in f(p_\mu^{-1}(W))$ を一つ選ぶ。

$\mathcal{W}_0 | K$ の脈複体 $N_{\mathcal{W}_0}$ への標準写像を $\pi_K : K \to |N_{\mathcal{W}_0}|$ とする（定理 2.3）。$N_{\mathcal{W}_0}$ の点 x は重心座標を用いて

$$x = \sum_{W \in \mathcal{W}_0} \alpha_W W, \quad \alpha_W \geq 0, \quad \sum_{W \in \mathcal{W}_0} \alpha_W = 1$$

と表せる。$\varphi : |N_{\mathcal{W}_0}| \to \mathbb{R}^n$ を, 上の点 x に対して

$$\varphi(x) = \sum_{W \in \mathcal{W}_0} \alpha_W y_W \tag{2.3}$$

と定めると以下が成り立つ：

(c) $\varphi(|N_{\mathcal{W}_0}|) \subset N(P;\delta) \subset R$.

(c) の証明． $N_{\mathcal{W}_0}$ の単体 $|W_0,\ldots,W_n|$ を任意にとる。X_μ の部分集合として $\bigcap_{i=0}^{n} W_i \neq \emptyset$ だから，$\bigcup_{i=0}^{n} W_i \subset \mathrm{st}(W_0,\mathcal{W}_0) \subset V$ を満たす $V \in \mathcal{V}$ がとれ，さらに $p_\mu^{-1}(V) \subset U$ を満たす $U \in \mathcal{U}$ が存在する。これらに対して

$$p_\mu^{-1}\left(\bigcup_{i=1}^{n} W_i\right) \subset U \tag{2.4}$$

が成り立つ。(2.3) と (2.4) から

$$\varphi(|W_0,\ldots,W_n|) \subset \mathrm{conv}(\{y_{W_0},\ldots,y_{W_n}\})$$
$$\subset f\left(p_\mu^{-1}\left(\bigcup_{i=1}^{n} W_i\right)\right) \subset \mathrm{conv}f(\overline{U}).$$

(2.2) から

$$\mathrm{diam}_\rho \varphi(|W_0,\ldots,W_n|) < \delta \tag{2.5}$$

だから $\varphi(|W_0,\ldots,W_n|) \subset N(y_{W_0};\delta) \subset N(P,\delta) \subset R$ が得られた。

(c) の証明終.

更に (b) から

$$r\varphi(|W_0,\ldots,W_n|) \subset N\left(y_{W_0};\frac{\varepsilon}{2}\right) \tag{2.6}$$

も得られる。次に

(d) $d(r \circ \varphi \circ \pi_K \circ p_\mu(x), f(x)) < \varepsilon,\ x \in X$

を示そう。$\pi_K \circ p_\mu(x) \in \mathrm{Int}|W_0,\ldots,W_n|$ をみたす $N_{\mathcal{W}_0}$ の単体 $|W_0,\ldots,W_n|$ をとると，$p_\mu(x) \in \bigcap_{i=0}^{n} W_i$ である。(c) における議論と同様にして (2.4) を満たす $U \in \mathcal{U}$ をとれば，(2.2) と (2.6) から，$\rho(r \circ \varphi \circ \pi_K \circ p_\mu(x), y_{W_0}) < \varepsilon/2$ が得られる。$x \in U$ だから $f(x) \in f(U)$ と (2.2) から $\rho(f(x), y_{W_0}) < \delta$．この 2 つを (a) と合わせて求める不等式を得る。

定理 2.21 を用いて $\lambda \geq \mu$ を $p_{\mu\lambda}(X_\lambda) \subset K$ を満たすようにとり

$$f_\lambda = r \circ \varphi \circ \pi_K \circ p_{\mu\lambda}$$

とおけば，(d) から f_λ が求めるものである。

(2) $p_\lambda(X)$ の近傍 U を小さくとれば $f|U =_\varepsilon g|U$ が成り立つようにできる。定理 2.21 を用いて $\mu \geq \lambda$ を $p_{\lambda\mu}(X_\mu) \subset U$ が成り立つようにとれば，$f \circ p_{\lambda\mu} =_\varepsilon g \circ p_{\lambda\mu}$ が得られる。　　　　　□

✔ **注意 2.25**　上の証明において P がコンパクト多面体であるという仮定は，$P \subset \mathbb{R}^n$ が近傍レトラクションを持つことのみにおいて用いられている。このことから，上の定理は P を次章で述べる「コンパクト ANR」に置きなおしても，証明を含めてそのまま正しいことがわかる。

コンパクト距離空間 X, Y が，コンパクト多面体の射影極限として $X = \varprojlim(X_n, p_n : X_{n+1} \to X_n), Y = \varprojlim(Y_n, q_n : Y_{n+1} \to Y_n)$ と表されているとする。$p_{n\infty} : X \to X_n, q_{n\infty} : Y \to Y_n$ をそれぞれ射影としよう。連続写像列 $(f_n : X_n \to Y_n)$ が，各 n に対して $f_n \circ p_n = q_n \circ f_{n+1}$ を満たすとする。このとき連続写像 $\varprojlim f_k : X \to Y$ を $\varprojlim f_k((x_n)) = (f_n(x_n))$ と定めることができ，任意の n に対して $q_n \circ \varprojlim f_k = f_n \circ p_{n\infty}$ が成り立つ。

与えられた連続写像 $f : X \to Y$ に対して，上のような写像列 (f_n) が得られるとは限らないが，以下のような近似／極限定理が成り立ち，次章以降応用される。

◇ **定理 2.26**[92]　X, Y をコンパクト距離空間，$X = \varprojlim(X_n, p_n : X_{n+1} \to X_n; \mathbb{Z}_{\geq 0}), Y = \varprojlim(Y_n, q_n : Y_{n+1} \to Y_n; \mathbb{Z}_{\geq 0})$ をコンパクト多面体と連続写像からなる射影極限とする。$p_{m\infty} : X \to X_n, q_{n\infty} : Y \to Y_n$ をそれぞれ射影とする。

(1)　$f : X \to Y$ を連続写像とする。正数列 $(\varepsilon_k)_{k \geq 1}$, 但し $\lim_{k \to \infty} \varepsilon_k = 0$, に対して部分列 $(m_k), (n_k)$ と連続写像列 $(f_k : X_{m_k} \to Y_{n_k})$ が存在して以下を満たす：簡単のため $p_{k\ell} := p_{m_k} \circ \cdots \circ p_{m_\ell - 1}, q_{k\ell} := q_{n_k} \circ \cdots q_{n_\ell - 1}$ とおいて

$$q_{jk} \circ f_k \circ p_{k\infty} =_{\varepsilon_k} q_{jk} \circ q_{k\ell} \circ f, \quad j < k. \tag{2.7}$$

(2)　逆に $\lim_{k \to \infty} \varepsilon_k = 0$ を満たす正数列と，部分射影系 $(X_{m_k}, p_{k\ell} : X_{m_\ell} \to X_{m_k}; \ell \geq k \geq 1), (Y_{n_k}, q_{k\ell} : Y_{n_\ell} \to Y_{n_k}; \ell \geq k \geq 1)$ および連続写像列

$(f_k : X_{m_k} \to Y_{n_k})$ が

$$q_{jk} \circ f_k \circ p_{k\ell} =_{\varepsilon_k} q_{j\ell} \circ f_\ell, \quad j < k < \ell. \tag{2.8}$$

を満たすとする。このとき連続写像 $f_\infty : X \to Y$ が,

$$q_{j\infty} \circ f_\infty =_{\varepsilon_k} q_{jk} \circ f_k \circ p_{k\infty}, \quad j < k \tag{2.9}$$

を満たすように存在する。

$$
\begin{array}{ccccc}
X_{m_k} & \xleftarrow{\ p_{k\ell}\ } & X_{m_\ell} & \xleftarrow{\ p_{m_\ell\infty}\ } & X \\
\downarrow f_k & & \downarrow f_\ell & & \vdots\, f_\infty \\
Y_{n_j} & \xleftarrow{\ q_{jk}\ } Y_{n_k} \xleftarrow{\ q_{k\ell}\ } & Y_{n_\ell} & \xleftarrow{\ q_{n_\ell\infty}\ } & Y
\end{array}
$$

証明 (1) 写像 $q_{1\infty} \circ f : X \to Y_1$ に対して定理 2.24 (1) を使って,m_1 と $f_1 : X_{m_1} \to Y_1$ を,$q_1 \circ f =_{\varepsilon_1} f_1 \circ p_{m_1\infty}$ を満たすようにとる。δ_2 を

$$y, z \in Y_2, d(y, z) < \delta_2 \Rightarrow d(q_{12}(y), q_{12}(z)) < \varepsilon_2$$

を満たすように選ぶ。このとき

$$q_{12} \circ f_2 \circ p_{m_2\infty} =_{\varepsilon_2} q_{12} \circ q_{2\infty} \circ f = q_{1\infty} \circ f$$

が成り立つことに注意する。再び定理 2.24 (1) から,$m_2 > m_1$ と $f_2 : X_{m_2} \to Y_2$ を,$q_{2\infty} \circ f =_{\delta_2} f_2 \circ p_{m_2\infty}$ が成り立つようにとる。この操作を繰り返せばよい(特に $\{n_k \mid k \geq 1\} = \mathbb{Z}_{\geq 0}$ としてとることができる)。

(2) 各 $j \geq 1$ に対して $f_j : X \to Y_{n_j}$ を

$$f_j(x) = \lim_{k \to \infty} q_{jk} \circ f_k \circ p_{k\infty}(x), \quad x \in X$$

によって定める。$\displaystyle\lim_{k \to \infty} \varepsilon_k = 0$ と (2.8) から $\{q_{jk} \circ f_k \circ p_{k\infty}(x) \mid k \geq j\}$ は Cauchy 列をなす。したがって上の式は連続写像 $f_j : X \to Y_{n_j}$ を定める。さらに各 $j \geq 1$ に対して $q_{n_j n_{j+1}} \circ f_{j+1} = f_j$ が成り立つから,$f_\infty(x) = (f_j(x))$ と定めることで連続写像 $f_\infty : X \to Y$ が定まり (2.9) を満たす。 $\qquad\square$

$h : X \to Y$ が同相写像のとき，上の証明を h と h^{-1} に対して交互に適用することによって次が得られる．

◇ **命題 2.27**　上の記号の下

(1)　$h : X \to Y$ を位相同型写像とする．正数列 $(\varepsilon_k)_{k \geq 1}$ (但し $\displaystyle \lim_{k \to \infty} \varepsilon_k = 0$) に対して部分列と連続写像列 $(f_k : X_{m_k} \to Y_{n_k})$, $(g_k : Y_{n_{k+1}} \to X_{m_k})$ が存在して以下を満たす：任意の $j < k$ に対して

$$q_{j\infty} \circ h =_{\varepsilon_k} q_{jk} \circ f_k \circ p_{k\infty}, \quad p_{j\infty} \circ h^{-1} =_{\varepsilon_k} p_{jk} \circ g_k \circ q_{k\infty}. \quad (2.10)$$

(2)　逆に $\displaystyle \lim_{k \to \infty} \varepsilon_k = 0$ を満たす正数列と，部分射影系 $(X_{m_k}, p_{k\ell} : X_{m_\ell} \to X_{m_k}; \ell \geq k \geq 1)$, $(Y_{n_k}, q_{k\ell} : Y_{n_\ell} \to Y_{n_k}; \ell \geq k \geq 1)$, および連続写像列 $(f_k : X_{m_k} \to Y_{n_k})$, $(g_k : Y_{n_{k+1}} \to X_{m_k})$ が存在し，任意の $j \leq k \leq \ell$ に対して

$$q_{jk} \circ f_k \circ g_k \circ q_{k+1\ell} =_{\varepsilon_k} q_{j\ell}, \quad p_{jk} \circ g_k \circ f_{k+1} \circ p_{k+1\ell} =_{\varepsilon_k} p_{j\ell} \quad (2.11)$$

を満たすとする．このとき同相写像 $h_\infty : X \to Y$ が，任意の $j < k$ に対して

$$q_{j\infty} \circ h_\infty =_{\varepsilon_k} q_{jk} \circ f_k \circ p_{k\infty}, \quad p_{j\infty} \circ h_\infty^{-1} =_{\varepsilon_k} p_{jk} \circ g_k \circ q_{k\infty}$$

を満たすよう存在する。

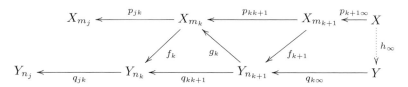

✔ **注意 2.28**　注意 2.25 から，定理 2.26，命題 2.27 は X_m, Y_n をコンパクト ANR (次章参照) に置き換えてもそのまま成立する。

◆ **定義 2.29**　カントール 3 進集合 C. $\mathbb{R}$ 内の標準的単位区間 $[0,1]$ を I_0 とおき，I_0 を 3 等分して真ん中の区間を取り除き，残った 2 つの区間の和集合を I_1 とおく：$I_1 = [0, \frac{1}{3}] \cup [\frac{2}{3}, 1]$. I_1 の 2 つの区間をそれぞれ 3 等

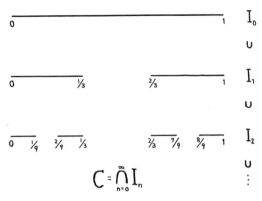

図 2.3 カントール 3 進集合

分して真ん中の区間を取り除き，残った 4 つの区間の和集合を I_2 とおく：
$I_2 = [0, \frac{1}{3^2}] \cup [\frac{2}{3^2}, \frac{1}{3}] \cup [\frac{2}{3}, \frac{7}{3^2}] \cup [\frac{8}{3^2}, 1]$. これを繰り返してコンパクト集合の単調減少列 (I_n) が得られる。共通部分 $C = \bigcap_{n=1}^{\infty} I_n$ を**カントール（3 進）集合**という（図 2.3）。

◇ **定理 2.30**　(1)　コンパクト距離空間 X がカントール 3 進集合 C と同相であるための必要十分条件は，X が完全不連結（即ち任意の連結成分が 1 点集合）であってかつ孤立点を持たないことである。

(2)　任意のコンパクト距離空間 X に対してカントール 3 進集合 C から X への連続全射が存在する。

　ここでは (1) のみを証明する。(2) の証明は例えば [78, Chap. 3, Theorem 3.28] 参照。次の補題から始めよう。

◇ **補題 2.31**　X を完全不連結なコンパクト距離空間，d を X の距離とする。

(1)　任意の $x \in X$ と任意の $\varepsilon > 0$ に対して，x を含む開かつ閉集合 U で $\mathrm{diam}_d\, U < \varepsilon$ を満たすものが存在する。

(2)　更に X が孤立点を持たないとする。X の空でない開かつ閉集合 V と $k > 0$ に対して，k 個の空でない開かつ閉集合 $V_1, \ldots, V_k$ で $V_i \cap V_j = \emptyset$ $(i \neq j)$，かつ $V = \bigcup_{j=1}^{k} V_j$ を満たすものが存在する。

証明　（概略）(1) $CO = \{U \mid U$ は開かつ閉, $x \in U\}$ とおく.

$$(*)　\{x\} = \bigcap_{U \in CO} U$$

を示せば, X のコンパクト性を使って (1) の結論が得られる. $y \in X$ と $\delta > 0$ に対して有限列

$$x = c_1, \ldots, c_k = y,　d(c_i, c_{i+1}) < \delta \ (i = 1, \ldots, k-1)$$

を「x から y への δ-鎖」と呼ぶことにする. $R_\delta = \{y \mid x$ から y への δ-鎖が存在する $\}$ とおくと, R_δ が開かつ閉集合であることが確かめられる.

$y \in \bigcap_{U \in CO} U$ とする. 正の整数 n に対して $R_{1/n}$ が開かつ閉集合であることから $y \in R_{1/n}$. 各 n に対して, x から y への $(1/n)$-鎖を一つ固定して C_n とおく. $C = \overline{\bigcup_{n=1}^{\infty} C_n}$ が連結集合であることを確かめることができる. X が完全不連結だから C は一点集合, よって $y = x$ が成り立ち, $(*)$ がわかった.

(2) X が孤立点をもたないから V は相異なる点 x, y を含む. (1) を用いれば $V = V_1 \cup V_2, x \in V_1, y \in V_2, V_1 \cap V_2 = \emptyset$ を満たす開かつ閉集合 V_1, V_2 を得ることができる. これを繰り返せばよい. □

X を完全不連結なコンパクト距離空間とする. X の開被覆列 $(\mathcal{U}_n)_{n \geq 1}$ で

(a)　$\mathcal{U}_n$ は互いに素な開かつ閉集合からなる有限被覆,

(b)　各 n に対して, $\mathcal{U}_{n+1} \preceq \mathcal{U}_n$,

(c)　$\displaystyle \lim_{n \to \infty} \mathrm{mesh} \, \mathcal{U}_n = 0$

をみたすものを考える. D_n を $\mathcal{U}_n$ の脈複体（定義 2.1）とする. (a) から D_n は $\mathcal{U}_n$ のメンバーを頂点集合とする 0 次元複体である. 写像 $p_n : D_{n+1} \to D_n$ を

$$p_n(U_{n+1}) \supset U_{n+1},　U_{n+1} \in \mathcal{U}_{n+1} \tag{2.12}$$

によって定める. (a), (b) から $p_n(U_{n+1})$ はただ一つに決まるから p_n は well-defined である. このようにして射影系 $(D_n, p_n : D_{n+1} \to D_n)$ が得られた.

◇ **補題 2.32**　上の記号のもとで, X は射影極限 $\varprojlim(D_n, p_n)$ と同相である.

証明 $h_n : X \to D_n$ を条件「$x \in h_n(x)$」によって定めると，h_n は連続で $p_n \circ h_{n+1} = h_n$ を満たすから，$h_\infty = \varprojlim h_n : X \to \varprojlim(D_n, p_n)$ が誘導される。(c) から h は単射である。$(U_n) \in \varprojlim(D_n, p_n)$ なら $U_{n+1} \subset U_n$ が成り立つから，U_n が閉集合であることと X のコンパクト性から $x \in \bigcap_n U_n$ が存在し，$h(x) = (U_n)$ が成り立つ。したがって h は全単射，よって同相写像である。 $\square$

(定理 2.30(1) の証明) カントール 3 進集合が完全不連結かつ孤立点を持たないことは直接に示すことができる。したがって定理の結論を得るためには以下を証明すればよい。

> X, Y を完全不連結かつ孤立点を持たないコンパクト距離空間とすると，X と Y は位相同型である。

X, Y を上のものとして，X および Y それぞれの被覆列 $(\mathcal{U}_n), (\mathcal{V}_n)$ を以下の様にとる:

(i) 各 $\mathcal{U}_n, \mathcal{V}_n$ は互いに素な開かつ閉集合からなる有限被覆で card $\mathcal{U}_n =$ card $\mathcal{V}_n$,

(ii) $\mathcal{U}_{n+1} \preceq \mathcal{U}_n$, $\mathcal{V}_{n+1} \preceq \mathcal{V}_n$.

$p_n : \mathcal{U}_{n+1} \to \mathcal{U}_n$, $q_n : \mathcal{V}_{n+1} \to \mathcal{V}_n$ を (2.12) で定まる写像とすると以下が成り立つ。

(iii) 全単射 $h_n : \mathcal{U}_n \to \mathcal{V}_n$ が $h_n \circ p_n = q_n \circ h_{n+1}$ が成り立つように存在する。

(iv) $\lim_n \mathrm{mesh}\, \mathcal{U}_n = \lim_n \mathrm{mesh}\, \mathcal{V}_n = 0$.

まず $\mathcal{U}_1, \mathcal{V}_1$ を X, Y の被覆で (i) を満たし，同じ個数のメンバーからなるものとする。補題 2.31 から $\mathrm{mesh}\, \mathcal{U}_1, \mathrm{mesh}\, \mathcal{V}_1 < 1/2$ としてよい。$h_1 : \mathcal{U}_1 \to \mathcal{V}_1$ を全単射とする。$\mathcal{U}_1, \mathcal{V}_1$ の細分 $\tilde{\mathcal{U}}_2, \tilde{\mathcal{V}}_2$ を $\mathrm{mesh} < 1/2^2$ を満たすようにとり，各 $U_1 \in \mathcal{U}_1$ に対して集合族

$$\tilde{\mathcal{U}}_2(U_1) = \{\tilde{U}_2 \in \tilde{\mathcal{U}}_2 \mid \tilde{U}_2 \subset U_1\},$$
$$\tilde{\mathcal{V}}_2(U_1) = \{\tilde{V}_2 \in \tilde{\mathcal{V}}_2 \mid \tilde{V}_2 \subset h_1(U_1)\}$$

を考える。補題 2.31(2) を使って $\tilde{\mathcal{U}}_2(U_1), \tilde{\mathcal{V}}_2(U_1)$ のメンバーを適当に分割し，上の 2 つの集合族が同じ個数からなるようにしたものを $\mathcal{U}_2(U_1), \mathcal{V}_2(U_1)$ とおく。全単射 $h_2(U_1) : \mathcal{U}_2(U_1) \to \mathcal{V}_2(U_1)$ を固定する。$\mathcal{U}_2 = \bigcup_{U_1 \in \mathcal{U}_1} \mathcal{U}_2(U_1), \mathcal{V}_2 = \bigcup_{U_1 \in \mathcal{U}_1} \mathcal{V}_2(U_1)$ とおくと，全単射 $h_2 = \bigcup_{U_1 \in \mathcal{U}_1} h_2(U_1) : \mathcal{U}_2 \to \mathcal{V}_2$ は $n = 2$ に対して (iii) を満たす。これを帰納的に繰り返せばよい。

D_n, E_n をそれぞれ $\mathcal{U}_n, \mathcal{V}_n$ の脈複体とする。(iii) から同相写像 $h := \varprojlim h_n : \varprojlim(D_n, p_n) \to \varprojlim(E_n, q_n)$ が得られる。(ii), (iv) と補題 2.32 から $X \approx \varprojlim(D_n, p_n), Y \approx \varprojlim(E_n, q_n)$ だから，求める結論が得られた。 $\square$

◇ **系 2.33**   次の 2 つの空間はいずれもカントール 3 進集合と同相である。

(1)   有限離散集合 D の可算直積空間 D^∞.

(2) p 進整数

$$\varprojlim(\mathbb{Z} \leftarrow \mathbb{Z}/p\mathbb{Z} \leftarrow \mathbb{Z}/p^2\mathbb{Z} \leftarrow \cdots \leftarrow \mathbb{Z}/p^n\mathbb{Z} \leftarrow \mathbb{Z}/p^{n+1}\mathbb{Z} \leftarrow \cdots)$$

ただし $\mathbb{Z}/p^{n+1}\mathbb{Z} \to \mathbb{Z}/p^n\mathbb{Z}$ は自然な射影。

2.4   Gromov-Hausdorff 収束

Hausdorff 距離はコンパクト集合間の距離を測る尺度としてしばしば用いられる。距離空間 (M, d) の部分集合 S の ε-近傍を $N(S, \varepsilon)$ で表す（1.2 節）。

◆ **定義 2.34**   距離空間 $(M.d)$ のコンパクト部分集合 X, Y に対し，その **Hausdorff 距離** (Hausdorff distance) $d_H(X, Y)$ を以下で定める。

$$d_H(X, Y) = \inf\{\varepsilon > 0 \mid X \subset N(Y, \varepsilon),\ Y \subset N(X, \varepsilon)\} \tag{2.13}$$

M 内で考えていることを強調したいときは $d_H^M(\cdot, \cdot)$ と記す。

◆ **例 2.35**   (1) X を距離空間 (M, ρ) のコンパクト部分集合とする。式 (2.1) にあるような閉集合の減少列をとる。このとき $\lim_{i \to \infty} \rho_H(P_i, X) = 0$ が成り立つ。この意味でも X は (P_i) の極限空間である。

(2)　(Y, d) をコンパクト距離空間, $\{F_i \mid i \geq 1\}$ を Y 内の有限部分集合で $\bigcup_{p \in F_i} N(p; \frac{1}{i}) = Y$ を満たすとする。このとき $\lim_{i \to \infty} d_H(F_i, Y) = 0$ が成り立つ。したがって任意のコンパクト距離空間は有限集合の Hausdorff 距離による極限空間である。

(M, d) を距離空間, M の空でないコンパクト部分集合全体のなす集合を $\mathcal{K}(M)$ とする。M の開集合 $U_1, \ldots, U_n$ に対して

$$\langle U_1, \ldots, U_n \rangle = \left\{ K \in \mathcal{K}(M) \;\middle|\; K \subset \bigcup_{i=1}^n U_i, \text{ かつ } K \cap U_i \neq \emptyset, 1 \leq i \leq n \right\}$$

と定める。$\{\langle U_1, \ldots, U_n \rangle \mid U_1, \ldots, U_n$ は開集合, $n \in \mathbb{N}\}$ は $\mathcal{K}(M)$ の位相 (**Vietoris 位相**と呼ばれる) の開集合基を定める。

◇ **定理 2.36**　(M, d) を距離空間とする。

(1)　$d_H^M(\cdot, \cdot)$ の導く $\mathcal{K}(M)$ の位相は Vietoris 位相と一致する。特に距離 d の取り方によらない。

(2)　M がコンパクトなら $(\mathcal{K}(M), d_H^M(\cdot, \cdot))$ はコンパクトである。

証明は例えば [112, Chap.5, Proposition 5.12] 参照。定理 6.26 も参照。

◆ **定義 2.37**　$\mathcal{CM}$ でコンパクト距離空間の等長類全体のなす集合とする。$\mathcal{CM}$ 上の **Gromov-Hausdorff 距離** (Gromov-Hausdorff distance) $d_{GH}(\cdot, \cdot)$ を

$$d_{GH}(X, Y) = \inf\{d_H^M(\varphi(X), \psi(Y)) \mid \varphi : X \to M, \psi : Y \to M \text{ は}$$
$$\text{距離空間 } (M, d) \text{ への等長埋め込み }\} \tag{2.14}$$

と定める。

◆ **定義 2.38**　$f : X \to Y$ を連続写像とする。M_f で f の**写像柱** (mapping cylinder) を表す。

$$M_f = X \times [0, 1] \amalg Y / [(x, 0) \sim f(x), \ x \in X].$$

$q : X \times [0, 1] \amalg Y \to M_f$ を標準射影, また $i_f : X \to M_f, r_f : M_f \to Y$ を

$$i_f(x) = q(x, 1), \ r_f(q(x, t)) = f(x), \ r_f(q(y)) = y,$$
$$x \in X, y \in Y, t \in [0, 1]$$

によって定める．i_f は位相埋め込み，r_f はホモトピー同値写像で $f = r_f \circ i_f$ が成り立つ．

◆ **例 2.39**　$f : X \to Y$ をコンパクト距離空間の間の全射，M_f を f の写像柱，$q : M \times [0,1] \amalg Y \to M_f$ を標準射影として，M_f 上の距離 d を一つ固定する．$t \in (0,1]$ に対して $X_t = q(X \times \{t\})$ とおくと $\lim_{t \to 0} d_H(X_t, Y) = 0$ が成り立つ．X_t はすべて X と同相である．

定理 2.30 から，コンパクト距離空間 X に対してカントール集合 C からの連続全射 $f : C \to X$ が存在する．また Y を局所連結かつ連結コンパクト距離空間とすると連続全射写像 $p : [0,1] \to Y$ が存在する（Hahn-Mazurkiewicz の定理 [78, Chap.3, Theorem 3.30]）．したがって任意のコンパクト距離空間／局所連結かつ連結コンパクト距離空間はそれぞれカントール集合／$[0,1]$ の Gromov-Hausdorff 極限である．

コンパクトリーマン多様体の列 $\{(M_i, d_i)\}$ がコンパクト距離空間 (X, d) に Gromov-Hausdorff 収束しているとする．例 2.35，例 2.39 でみたように，一般には X のトポロジーが (M_i) の幾何と関わるとは言えないが，(M_i) がいくつかの幾何学的条件（例えば次元，断面曲率，直径，単射半径などについての上あるいは下からの評価式）を満たせば，X（多様体とは限らない）は列 $\{M_i\}$ の持つ幾何学的性質を受け継ぐことがある．Gromov-Hausdorff 極限空間の研究は大域リーマン幾何学における大切な主題の一つである．例えば [99] およびそこにある文献参照．第 5・6 章で，関連する結果にごく簡単に触れる．

3

位相次元

　ある空間 X を（局所的に）記述するために必要なパラメータの数を X の次元とすることは，ごく自然な考え方である。しかしながら，$[0,1]$ から $[0,1] \times [0,1]$ への連続全射（ペアノ曲線）の存在は，そのような考え方が常に適切とは限らないことを示唆している。局所的にすら座標が入っているとは限らない位相空間の次元をどのようにして定義したらよいだろうか？そして定義された次元はどのような性質を持つだろうか？この問いはポアンカレ以降多くの数学者によって考察され，その研究の一部が位相次元論として結実した。

　位相次元論は可分距離空間のクラスに対して最もうまく機能する（[58], [80]）。また近年 coarse 幾何学における次元概念が，位相次元論をモデルとして定義・研究されている（第 7 章で簡単に触れる）。本章では主にコンパクト距離空間に対する次元論について簡単に説明する。本書で用いる位相次元は主に「被覆次元」である。「大きな・小さな帰納的次元」については定義だけを与える。特にコンパクト距離空間の被覆次元は球面への連続写像の拡張可能性によって特徴づけられること，また射影極限による多面体近似（第 2 章）は被覆次元を尊重した形で行えることについて述べる。最後の節では 1 次元位相力学系における射影極限のトポロジーについて，ごく簡単に紹介する。

　記述を簡単にするため，殆どの命題を可分距離空間あるいはコンパクト距離空間に対して述べるが，より一般の位相空間に対して成り立つ命題も多い。これらの一般化については上述の [58], [80] のほか [96] なども参照。

3.1 被覆次元および帰納的次元

位相空間 X の被覆 $\mathcal{A}$ (つまり X の部分集合族で $X = \bigcup_{A \in \mathcal{A}} A$ を満たすもの) に対して, ord $\mathcal{A}$ を以下で定める:

$$\mathrm{ord}\ \mathcal{A} = \max\left\{ k \ \middle|\ A_1, \ldots, A_k \in \mathcal{A}\ \text{が存在して}\ \bigcap_{i=1}^{k} A_i \neq \emptyset \right\}$$

[58] では (右辺) -1 を ord $\mathcal{A}$ の定義として採用しているので注意。

◆**定義 3.1** 可分距離空間 X の**被覆次元** (covering dimension) $\dim X$ を以下で定義する:

$$\dim X = \min\{ n \mid X\ \text{の任意の有限開被覆}\ \mathcal{U}\ \text{に対して}$$
$$\mathrm{ord}\ \mathcal{V} \leq n + 1\ \text{を満たす}\ \mathcal{U}\ \text{の細分}\ \mathcal{V}\ \text{が存在する}\}$$

右辺 { } 内の条件を満たす n が存在しないときには, $\dim X = \infty$ とする。

✔**注意 3.2** [112, Chap.5, Sec.2, Lemma 5.2.1] 上の定義における $\mathcal{U}$ の細分 $\mathcal{V}$ は有限被覆であると仮定してよいことが簡単な議論で示される。以下そのように仮定しよう。

被覆次元は空間 X を開集合で被覆するために「開集合は最低何枚重ならなければならないか」に着目した定義である。「空間を切断したときの切り口の次元」に着目して定まる次元が帰納的次元である。X の部分集合 A に対して $\mathrm{Fr}\,A$ は A の X における境界を表す (1.2 節)。

◆**定義 3.3** X の**小さい帰納的次元** (small inductive dimension) $\mathrm{ind}X$ を, 以下のように帰納的に定める:

(0) $\mathrm{ind}X = -1$ とは $X = \emptyset$ であること。

(1) $\mathrm{ind}X \leq n$ とは, X の任意の点 x に対して $\mathrm{ind}(\mathrm{Fr}\,U) \leq n-1$ であるような x の基本近傍系 $\{U\}$ が存在することである。

(2) $\mathrm{ind}X \leq n$ でかつ $\mathrm{ind}X \nleq n-1$ であるとき $\mathrm{ind}X = n$ であると定める。

可分距離空間 X が $\mathrm{ind}X = 0$ を満たすとは，$X \neq \emptyset$，かつ任意の点の基本近傍系として開かつ閉集合からなるものが存在することである。したがって $\mathrm{ind}X = 0$ なら X は完全不連結である。例えばカントール集合は上の意味で 0 次元である。$\mathrm{ind}X \leq 1$ であるとは，任意の点の基本近傍系 $\{U\}$ として $\mathrm{ind}(\mathrm{Fr}\,U) = 0$ であるものがとれることである … 以下同様。上記定義中の「点の基本近傍系」を「閉集合の基本近傍系」に置き換えると大きな帰納的次元の定義が得られる。

◆ **定義 3.4**　X の**大きな帰納的次元** (large inductive dimension)$\mathrm{Ind}X$ を，以下のように帰納的に定める：

(0)　$\mathrm{Ind}X = -1$ とは $X = \emptyset$ であること。

(1)　$\mathrm{Ind}X \leq n$ とは，X の任意の閉集合 F に対して $\mathrm{Ind}(\mathrm{Fr}\,U) \leq n - 1$ であるような F の基本近傍系 $\{U\}$ が存在することである。

(2)　$\mathrm{Ind}X \leq n$ でかつ $\mathrm{Ind}X \not\leq n - 1$ であるとき $\mathrm{Ind}X = n$ であると定める。

可分距離空間においては上の 3 つの次元は一致する：

◇ **定理 3.5（可分距離空間の次元論における基本定理）**　任意の可分距離空間 X に対して

$$\dim X = \mathrm{ind}X = \mathrm{Ind}X$$

が成り立つ。

証明は [58] を参照。本書では主に被覆次元について扱う。

✔ **注意 3.6**　定義 3.1 は正規空間に対しても意味を持ち，以下が成り立つ (Dowker [58, Chap.3, Sec.2, Theorem 3.2])：正規空間 X に対して

$\dim X \leq n \Leftrightarrow$ 任意の局所有限開被覆 $\mathcal{U}$ に対して，$\mathcal{U}$ の局所有限な細分 $\mathcal{V}$ で $\mathrm{ord}\,\mathcal{V} \leq n + 1$ を満たすものが存在する。

したがって可分距離空間 X に対して「$\dim X \leq n$ である」ことと，「任意の局所有限開被覆 $\mathcal{U}$ に対して，$\mathcal{U}$ の局所有限な細分 $\mathcal{V}$ で $\mathrm{ord}\,\mathcal{V} \leq n + 1$ を満たすものが存在する」ことは同値である。

0 次元可分距離空間が完全不連結であることは先に述べた。コンパクト距離空間に対しては逆が成り立つ。

◇**定理 3.7** [58]　X をコンパクト距離空間とする．$\dim X = 0$ が成り立つ必要
十分条件は X が完全不連結であることである．

　　上の定理においてコンパクト性の仮定を落とすことはできない．

◆**例 3.8**（Menger スポンジ あるいは Menger curve）　3 次元立方体 $Q = [0,1]^3$
を考え，その 12 本の辺の和集合を E とする．各辺の 3 等分点によって Q を分
割してできる 27 個の小立方体のうち，E と交わる 20 個の小立方体の和集合を
Q_1 とする．Q_1 を構成する 20 個の小立方体の各辺の 3 等分点によって Q_1 を
分割して上の操作を繰り返し，得られた 20^2 個の小立方体の和を Q_2 とする．
この操作を繰り返して得られる 3 次元コンパクト多面体の減少列の共通部分を
Menger スポンジ (Menger sponge) または Menger curve と呼ぶ．ここでは
μ で表す（図 3.1 参照）．

$$Q \supset Q_1 \supset \cdots \supset Q_i \supset Q_{i+1} \supset \cdots \supset \bigcap_{i=1}^{\infty} Q_i := \mu$$

　　同相群 $\mathrm{Homeo}(\mu)$ にコンパクト開位相を入れた完備可分距離空間は完全不
連結であるが，$\dim \mathrm{Homeo}(\mu) = 1$ であることが証明されている（[18], [100].
[85] も参照）．さらに完全不連結な無限次元可分距離空間の例も知られている．

　　次の定理は n 次元以下のコンパクト距離空間は n 次元以下の多面体への「近
似写像」を持つことを意味している．単体的複体 K の次元 $\dim K$ は K に含ま
れる単体の最大次元を表す．後述の定理 3.16 において $\dim K$ は多面体 $|K|$ の
被覆次元と等しいことが示される．

◇**命題 3.9**　コンパクト距離空間 X に対して，以下の条件は同値である．

(1)　$\dim X \leq n$.

(2)　X の任意の有限開被覆 $\mathcal{U}$ に対して，ある n 次元以下の有限単体的複体
　　K の定める多面体への写像 $p; X \to |K|$ で

$$\{p^{-1}(O(v; K)) \mid v \in K^{(0)}\} \preceq \mathcal{U} \tag{3.1}$$

を満たすものが存在する．

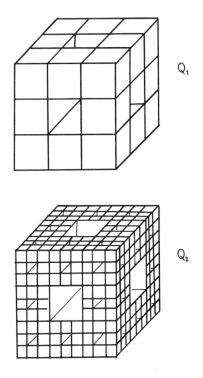

図 **3.1**　Menger スポンジ $\mu = \bigcap_{i=1}^{\infty} Q_i$

証明　(1) $\Rightarrow$ (2). 有限開被覆 $\mathcal{U}$ に対して注意 3.2 によって，有限開被覆 $\mathcal{V}$ で ord $\mathcal{V} \leq n+1$ を満たすものが存在する．$\mathcal{V}$ の脈複体 $N_{\mathcal{V}}$ は n 次元以下だから，標準写像 $p_{\mathcal{V}} : X \to |N_{\mathcal{V}}|$（定義 2.2）が求めるものである．

　(2) $\Rightarrow$ (1). 有限開被覆 $\mathcal{U}$ に対して，(2) を満たす n 次元有限多面体 K と写像 $p : X \to K$ をとる．このとき $\mathcal{V} = \{p^{-1}(O(v; K)) \mid v \in K^{(0)}\}$ は $\mathcal{U}$ の細分で ord $\mathcal{V} \leq n+1$ を満たす．　　　　　　　　　　　　　□

　以下の記述は [112] に多くを負う．まず記号を一つ導入しておこう．

◆ **定義 3.10**　位相空間 X と K に対して，「$K \in \mathrm{AE}(X)$」とは，次の命題を意味することとする：

X の任意の閉集合 F と F 上の連続写像 $f : F \to K$ に対して，連続写像 $\bar{f} : X \to K$ が $\bar{f}|F = f$ を満たすように存在する。

例えばティーツェの拡張定理（定理 1.4）は，「任意の正規空間 X に対して $[0, 1] \in \mathrm{AE}(X)$ が成り立つ」と述べることができる。ティーツェの拡張定理を各座標関数に対して用いれば，任意の整数 $n \geq 1$ に対して $[0, 1]^n \in \mathrm{AE}(X)$ および $\mathbb{R}^n \in \mathrm{AE}(X)$ を示すことができる。以下 S^n で n 次元球面を表す。次の補題は，次章の用語を用いれば「球面 S^n は ANE 空間である」ことを述べている。

◇ **補題 3.11** X を正規空間，A をその閉集合，$f : A \to S^n$ を連続写像とする。A の近傍 U と f の拡張 $\bar{f} : U \to S^n$ が存在する。

証明 S^n を $\mathbb{R}^{n+1}$ の原点 0 を中心とする単位球面とみなし，ティーツェの拡張定理から $f : A \to S^n \hookrightarrow \mathbb{R}^{n+1}$ の連続拡張 $F : X \to \mathbb{R}^{n+1}$ をとる。$U = F^{-1}(\mathbb{R}^{n+1} \setminus \{0\})$ とおき，$\bar{f} : U \to S^n$ を $\bar{f}(x) = \frac{F(x)}{\|F(x)\|}$ $(x \in U)$ とおけば，$\bar{f}$ が求める拡張である。   □

次の定理の証明は [112, Chap.5, Sec.2, Theorem 5.2.3] に従う。5.1 節も参照のこと。

◇ **定理 3.12**([112, Theorem 5.2.3]) 可分距離空間に対して以下の 3 条件は同値である。

(1) $\dim X \leq n$.

(2) $S^n \in \mathrm{AE}(X)$.

(3) 任意の $k \geq n$ に対して $S^k \in \mathrm{AE}(X)$.

次の補題の証明から始める。単体的複体 K の単体 σ に対して，$\mathrm{int}\,\sigma$ は σ の単体としての内部を表す。

◇ **補題 3.13** 可分距離空間 X が $S^k \in \mathrm{AE}(X)$, $\forall k \geq n$ を満たすとする。有限多面体 K への任意の連続写像 $f : X \to K$ に対して，K の n 骨格 $K^{(n)}$ への連続写像 $g : X \to K^{(n)}$ が

$$g|f^{-1}(K^{(n)}) = f|f^{-1}(K^{(n)}), \quad g^{-1}(\mathrm{st}(v, K^{(n)})) = f^{-1}(\mathrm{st}(v, K))$$

を満たすように存在する.

証明 $N = \dim K \geq n+1$ としてよい. K の N 次元の単体 σ で $f(X)$ と交わるものを一つとる. 制限写像 $f| : f^{-1}(\partial\sigma) \to \partial\sigma \approx S^{N-1}$ に仮定を用いて拡張 $F : X \to \partial\sigma$ をとり, $f_\sigma : X \to K \setminus \mathrm{int}\sigma$ を

$$f_\sigma|f^{-1}(\sigma) := F|f^{-1}(\sigma),\ f_\sigma|X \setminus f^{-1}(\mathrm{int}\sigma) := f|X \setminus f^{-1}(\mathrm{int}\sigma)$$

とおけば, f_σ は well-defined である. この操作を $f(X)$ と交わるすべての N 単体に対して繰り返して行えば, $g_{N-1} : X \to K^{(N-1)}$ が

$$g_{N-1}^{-1}(\mathrm{st}(v, K^{(N-1)})) = f^{-1}(\mathrm{st}(v, K)),\ \ \forall v \in K^{(0)}$$

が成り立つように得られる. これを帰納的に繰り返して $g_{N-2}, \ldots, g_n$ を得る. $g := g_n$ が求めるものである. $\qquad\square$

定理 3.12 の証明

(1)⇒(2). S^n を $(n+1)$ 単体 σ^{n+1} の境界 $K := \partial\sigma^{n+1}$ の幾何学的実現とみなす. K の頂点集合 $K^{(0)}$ は $(n+2)$ 個の点からなり, $K^{(0)}$ の任意の $(n+1)$ 個の頂点は K の単体を張る. X の閉集合 A と連続写像 $f : A \to |K| = S^n$ をとると, 補題 3.11 から f の A の開近傍 U への拡張が存在する. 簡単のため同じ記号を用いて $f : U \to |K|$ と表す. A の開近傍 W を $\overline{W} \subset U$ を満たすようにとる. X の有限開被覆 $\{f^{-1}(O(v; K)) \mid v \in K^{(0)}\} \cup \{X \setminus \overline{W}\}$ に対して, $\mathrm{ord}\,\mathcal{V} \leq n+1$ を満たす有限細分をとる. $\mathcal{V}$ の脈複体 $N_\mathcal{V}$ をとり, $p_\mathcal{V} : X \to |N_\mathcal{V}|$ を標準写像 (定義 2.2) として, $\varphi : N_\mathcal{V}^{(0)} \to K^{(0)}$ を次のように定める: $V \in \mathcal{V}$ に対して,

(i) 頂点 $v \in K^{(0)}$ が $V \subset f^{-1}(O(v; K))$ を満たすように存在するなら, そのような頂点を一つとって $\varphi(V)$ とする.

(ii) $V \subset X \setminus \overline{W}$ なら $\varphi(V) \in K^{(0)}$ を任意の頂点とする.

このとき φ は単体写像 $\varphi : N_\mathcal{V} \to K$ を定める. 実際 $V_1, \ldots, V_k$ が $N_\mathcal{V}$ の単体を張るなら $k \leq n+1$ だから, $\varphi(V_1), \ldots, \varphi(V_k)$ は K の単体を張るからである. X から $N_\mathcal{V}$ への標準写像を $p_\mathcal{V} : X \to N_\mathcal{V}$ とおく. 次を示そう.

(∗) $x \in W$ なら, $f(x)$ と $\varphi \circ p_{\mathcal{V}}(x)$ は K の同じ単体に属する.

証明. $f(x) \in \operatorname{int} \tau$ を満たす $\tau \in K$ をとる. $x \in V \in \mathcal{V}$ なら $V \cap (X \setminus \overline{W}) = \emptyset$ より $V \subset f^{-1}(O(\varphi(V); K))$ だから $f(x) \in \bigcap_{x \in V \in \mathcal{V}} O(\varphi(V); K)$ が成り立つ. σ_x を $\{V \in \mathcal{V} \mid x \in V\}$ が張る $N_{\mathcal{V}}$ の単体とすると, φ の定義から $\varphi(\sigma_x) \subset \tau$. 一方, 標準写像の定義 (定義 2.2) から, $p_{\mathcal{V}}(x) \subset \sigma_x$, したがって $\varphi \circ p_{\mathcal{V}}(x) \in \varphi(\sigma_x)$. $\varphi(\sigma_x) \subset \tau$ だから $\varphi \circ p_{\mathcal{V}}(x) \in \tau$ が得られる.

((∗) の証明終)

(∗) から f と $\varphi \circ p_{\mathcal{V}}|W$ を結ぶ線形ホモトピーは well-defined であって, $f \simeq \varphi \circ p_{\mathcal{V}}|W$ が得られる. 次章で述べるホモトピー拡張定理 4.9 によって f も X 上に拡張される.

(2)⇒(3). $S^n \in \operatorname{AE}(X)$ を仮定し, $S^{n+1} \in \operatorname{AE}(X)$ を示せば十分である. S^{n+1} を上半球・下半球に分けて

$$S^{n+1} = D_+^{n+1} \cup D_-^{n+1}, D_+^{n+1} \cap D_-^{n+1} = S^n$$

とおく:D_+^{n+1}, D_-^{n+1} はともに $(n+1)$ 次元球と同相であり, その共通部分 $D_+^{n+1} \cap D_-^{n+1}$ は n 次元球面と同相である. $f : A \to S^{n+1}$ を X の閉集合 A から S^{n+1} への連続写像とする. 補題 3.11 から, f を A の開近傍 U まで拡張できる (同じ記号を用いて $f : U \to S^{n+1}$ と表す). $U_+ = f^{-1}(S^{n+1} \setminus D_-^{n+1}), U_- = f^{-1}(S^{n+1} \setminus D_+^{n+1})$ とおくと,

$$U_+ \cap A = A \setminus f^{-1}(D_-^{n+1}),\ U_- \cap A = A \setminus f^{-1}(D_+^{n+1}),\ U_+ \cap U_- = \emptyset$$

を満たす. $X_0 = X \setminus (U_+ \cup U_-), A_0 = X_0 \cap A = f^{-1}(S^n)$ とおく. 仮定 $S^n \in \operatorname{AE}(X)$ を用いて $f|A_0$ を X 上の写像 F に拡張し, $f_0 := F|X_0$ とおく. $X_0 \cup (A \cap U_\pm)$ がそれぞれ $X_0 \cup U_\pm$ の閉集合であるから, ティーツェの拡張定理を用いて $f_\pm : X_0 \cup U_\pm \to D_\pm^{n+1}$ を

$$f_\pm|X_0 = f_0,\ f_\pm|A \cap U_\pm = f|A \cap U_\pm$$

を満たすようにとると, $f = f_+ \cup f_- : X \to S^{n+1}$ が求める拡張である.

(3)⇒(1). $\mathcal{U}$ を X の有限開被覆として，脈複体への標準写像 $p_{\mathcal{U}} : X \to |N_{\mathcal{U}}|$ をとる．補題 3.13 を $p_{\mathcal{U}}$ に用いて $\bar{p}_{\mathcal{U}} : X \to |N_{\mathcal{U}}^{(n)}|$ を

$$\bar{p}_{\mathcal{U}}^{-1}(\mathrm{st}(U, N_{\mathcal{U}}^{(n)})) = p_{\mathcal{U}}^{-1}(\mathrm{st}(U, N_{\mathcal{U}})), \quad U \in N_{\mathcal{U}}$$

を満たすようにとると，$\bar{p}_{\mathcal{U}}^{-1}(O(U, N_{\mathcal{U}}^{(n)})) = p_{\mathcal{U}}^{-1}(O(U, N_{\mathcal{U}})) \subset U$ だから，命題 3.9 から $\dim X \leq n$ が得られた． $\square$

◇ **定理 3.14** (1) (Subspace Theorem) 任意の可分距離空間 X の任意の部分空間 Y に対して $\dim Y \leq \dim X$ が成り立つ．

(2) (Countable Sum Theorem) 可分距離空間 X がその閉集合の可算和として表されているとする：$X = \bigcup_{i=1}^{\infty} F_i$，各 F_i は X の閉集合．このとき

$$\dim X = \sup\{\dim F_i \mid i = 1, 2, \ldots\}$$

が成り立つ．

証明は [58], [80], [112] 参照．(1) が X の閉部分空間 Y に対して成り立つことは，定理 3.12 から直ちにわかる．

◇ **定理 3.15 (Product theorem)** 可分距離空間 X, Y に対して次の不等式が成り立つ：
$$\dim(X \times Y) \leq \dim X + \dim Y.$$

証明 簡単のため X, Y はコンパクトとする．一般の場合の証明は例えば [112, Theorem 5.4.9] 参照．$\dim X \leq m, \dim Y \leq n$ とおく．$X \times Y$ の任意の有限開被覆 $\mathcal{O}$ に対して，X, Y の有限開被覆 $\mathcal{U}$ と $\mathcal{V}$ を

$$\mathcal{U} \times \mathcal{V} := \{U \times V \mid U \in \mathcal{U}, V \in \mathcal{V}\} \preceq \mathcal{O}$$

が成り立つようにとる．多面体 K, L（但し $\dim K \leq m, \ \dim L \leq n$）への写像 $f : X \to K, g : Y \to L$ を

$$\{f^{-1}(O(v; K)) \mid v \in K^{(0)}\} \preceq \mathcal{U}, \ \{g^{-1}(O(w; K)) \mid w \in L^{(0)}\} \preceq \mathcal{V}$$

を満たすようにとる（命題 3.9）。$f \times g : X \times Y \to K \times L$ は

$$\{(f \times g)^{-1}(O((u,v); K \times L)) \mid (u,v) \in K^{(0)} \times L^{(0)}\} \preceq \mathcal{U} \times \mathcal{V} \preceq \mathcal{O}$$

を満たすから，命題 3.9 から $\dim(X \times Y) \leq m + n$ を得る。　　　□

上の定理において等号は一般に成り立たない。第 5 章で述べるように，2 次元コンパクト距離空間 X, Y で $\dim(X \times Y) = 3$ を満たすものが存在する。Product theorem において等号が成り立つ条件を同定することは，位相次元論における中心的な課題の一つである。コンパクト距離空間のクラスに対しては Čech コホモロジー論に基づいたコホモロジー次元論によって研究することができる。

被覆次元は多面体・多様体に対して正しい値を与える。

◇ **定理 3.16**　$\dim \mathbb{R}^n = n$。より一般に任意の単体的複体 K に対する多面体 $|K|$ の被覆次元は単体的複体の次元に一致する：

$$\dim |K| = \max\{\dim \sigma \mid \sigma \in K\}.$$

✔ **注意 3.17**　上の定理において単体的複体の幾何学的実現 $|K|$ は Whitehead 位相（付録参照）を持つことを仮定している。その様な空間は可分距離空間とは限らないが，被覆次元を同様に定義できてその値が右辺に一致する（[112, Chap.5, Sec.2, Theorem 5.2.9, Corollary 5.2.10] 参照）。

証明　まず $\dim[0,1]^n = n$ を示す。定理 3.9 から $\dim[0,1]^n \leq n$ が成り立つ。$\dim[0,1]^n \leq n-1$ と仮定して，定理 3.12 を $\partial[0,1]^n \approx S^{n-1}$ 上の恒等写像 $\partial[0,1]^n \to \partial[0,1]^n$ に適用すると，レトラクション $[0,1]^n \to \partial[0,1]^n$ が存在するから矛盾である。したがって $\dim[0,1]^n = n$. 定理 3.14 より $\dim \mathbb{R}^n = n$ が従う。可算単体的複体に対する後半の主張も定理 3.14 から得られる。一般の単体的複体に対する証明は [112, Corollary 5.2.10] 参照。　　　□

ハワイアンイヤリング（例 1.2）の次元は期待通りの値である。証明は定理 3.14 と定理 3.16 を組み合わせて得られる。

◇ **系 3.18**　$\mathbb{H}_n$ を n 次元ハワイアンイヤリングとする。このとき $\dim \mathbb{H}_n = n$.

次に n 次元コンパクト距離空間は n 次元コンパクト多面体の射影極限として表せることを示そう。

◇ **定理 3.19**(Freudenthal)　コンパクト距離空間 X に対して以下は同値である。

(1)　$\dim X \leq n$.
(2)　コンパクト多面体からなる射影系 $\mathbf{P} = (P_i, p_{ij} : P_j \to P_i; i \in \mathbb{Z}_{\geq 0})$ で $X \approx \varprojlim \mathbf{P}$ かつ $\dim P_i \leq n$, $\forall i$ を満たすものが存在する。

証明　(概略)　(2) $\Rightarrow$(1) は定理 2.21 (1) と定理 3.9 から直ちに得られる。(1) $\Rightarrow$(2) を証明するため,コンパクト多面体からなる射影系で $X = \varprojlim(X_i, f_{ij} : X_j \to X_i)$ を満たすものをとり (定理 2.22),$f_{i\infty} : X \to X_i$ を射影とする。以下帰納的に n 次元以下の多面体からなる射影系を構成する。

記述を簡単にするため「写像 f に対して写像 g を $g \fallingdotseq f$ を満たすように選ぶ」とは「写像 f と任意に与えられた $\varepsilon > 0$ に対して写像 g を $g =_\varepsilon f$ を満たすように選ぶ」ことを意味するとする。

まず補題 3.13 を $f_1 : X \to X_1$ に対して用いて,X_1 の単体分割を十分細かく選び,$g_1 : X \to X_1^{(n)}$ を $g_1 \fallingdotseq f_{1\infty}$ と選ぶ。$P_1 = X_1^{(n)}$ とおき,$h_1 : P_1 \hookrightarrow X_1$ を包含写像とする。$i_1 = 1$ とする。定理 2.24 を用いて,$i_2 > 1$ と $k_2 : X_{i_2} \to P_1$ を $k_2 \circ f_{i_2\infty} \fallingdotseq g_1$ を満たすようにとる。このとき以下が成り立つ:

$$h_1 \circ k_2 \circ f_{i_2\infty} \fallingdotseq h_1 \circ g_1 \fallingdotseq f_{1\infty} = f_{i_1 i_2} \circ f_{i_2\infty}. \tag{3.2}$$

定理 2.24(2) から,$i_2' > i_2$ を大きくとれば $h_1 \circ k_2 \circ f_{i_2 i_2'} \fallingdotseq f_{i_1 i_2} \circ f_{i_2 i_2'}$ が成り立つ。記号の節約のため i_2' を改めて i_2,また $k_2 \circ f_{i_2 i_2'}$ を改めて k_2 と置き直せば,

$$h_1 \circ k_2 \fallingdotseq f_{i_1 i_2}$$

が得られる。X_{i_2} の単体分割を十分細かくとり,$f_{i_2\infty}$ に対して補題 3.13 を用いて,$g_2 : X \to X_{i_2}^{(n)}$ を $g_2 \fallingdotseq f_{i_2\infty}$ を満たすようにとり,$P_2 = X_{i_2}^{(n)}$ とおき $h_2 : P_2 \hookrightarrow X_{i_2}$ を包含写像とする。また $p_1 := k_2 \circ h_2 : P_2 \to X_{i_2} \to P_1$ とおく。$g_2 : X \to P_2$ に定理 2.24 を用いて $i_3 > i_2$ と $k_3 : X_{i_3} \to P_2$ を

$g_2 \fallingdotseq k_3 \circ f_{i_3 \infty}$ を満たすようにとり，(3.2) およびその後と同様な置き換えを行うと，$h_2 \circ k_3 \fallingdotseq f_{i_2 i_3}$ が得られる。この操作を繰り返して部分列 (i_j) と n 次元以下のコンパクト多面体の列 (P_j), $P_j \subset X_{i_j}$, 連続写像 $p_j : P_{j+1} \to P_j$ と $k_j : X_{i_{j+1}} \to P_j$ を，以下のように選ぶことができる：$h_j : P_j \to X_{i_j}$ を包含写像として，

$$p_j = k_{j+1} \circ h_{j+1}, \quad f_{i_j i_{j+1}} \fallingdotseq h_j \circ k_{j+1}.$$

上の第 2 の式において，X_{i_j} の単体分割を十分細かくとることによって，$f_{i_j i_{j+1}}$ と $h_j \circ k_{j+1}$ が望むだけ近くに取れることを用いれば，定理 2.27 を適用して，同相写像 $h_\infty : \varprojlim(P_j, p_j : P_{j+1} \to P_j ; j \geq 1) \to \varprojlim(X_{i_j}, f_{i_j i_k} : X_{i_k} \to X_{i_j} ; k \geq j \geq 1) \approx X$ が得られることがわかる。　　　　　□

　多面体同様，n 次元コンパクト距離空間は $(2n+1)$ 次元ユークリッド空間に埋め込むことができる。

◇ **定理 3.20 (埋め込み定理)** [58]　n 次元以下のコンパクト距離空間は，$(2n+1)$ 次元ユークリッド空間へ位相的に埋め込める。より詳しく，X がコンパクト距離空間で $\dim X \leq n$ を満たすとき，X から $\mathbb{R}^{2n+1}$ への位相的埋め込み写像の全体 $\mathrm{Emb}(X, \mathbb{R}^{2n+1})$ は，X から $\mathbb{R}^{2n+1}$ への連続写像の空間 $C(X, \mathbb{R}^{2n+1})$ の稠密な部分集合をなす。

証明　1 以上の整数 k に対して，$E_{1/k}(X, \mathbb{R}^{2n+1})$ を X から $\mathbb{R}^{2n+1}$ への $1/k$-写像の全体のなす空間とする（定義 2.5）。補題 2.6 より $E_{1/k}(X, \mathbb{R}^{2n+1})$ は $C(X, \mathbb{R}^{2n+1})$ の開集合である。

　$E_{1/k}(X, \mathbb{R}^{2n+1})$ が $C(X, \mathbb{R}^{2n+1})$ において稠密であることを示すため，$f \in C(X, \mathbb{R}^{2n+1})$ と $\varepsilon > 0$ を任意にとる。定理 3.19 から $X = \varprojlim(X_i, p_{ij} : X_j \to X_i ; j \geq i \geq 1)$, $\dim X_i \leq n$ $\forall i$ を満たすコンパクト多面体 X_i からなる射影系をとり，$p_i : X \to X_i$ を射影とする。定理 2.24 から，i を十分大きくとれば $f_i : X_i \to \mathbb{R}^{2n+1}$ を

$$f =_{\varepsilon/2} f_i \circ p_i, \text{かつ } p_i \text{ は } 1/k\text{-写像}$$

を満たすようにとれる。$f_i : X_i \to \mathbb{R}^{2n+1}$ は n 次元以下のコンパクト多面体からの写像だから，まず f_i を単体近似（付録参照）してから一般の位置の定理

([82] 参照，$\dim X_i \leq n$ に注意）を用いれば，PL 埋め込み $g_i : X_i \to \mathbb{R}^{2n+1}$ で $g_i =_{\varepsilon} f_i$ を満たすものが取れる．このとき $g_i \circ p_i \in E_{1/k}(X, \mathbb{R}^{2n+1})$ でかつ $f =_{\varepsilon} g_i \circ p_i$．よって $E_{1/k}(X, \mathbb{R}^{2n+1})$ は $C(X, \mathbb{R}^{2n+1})$ において稠密である．

ベールの定理（定理 1.4）から，$\bigcap_{k=1}^{\infty} E_{1/k}(X, \mathbb{R}^{2n+1})$ は $C(X, \mathbb{R}^{2n+1})$ で稠密であり，$\mathrm{Emb}(X, \mathbb{R}^{2n+1}) = \bigcap_{k=1}^{\infty} E_{1/k}(X, \mathbb{R}^{2n+1})$ だから定理が証明された． $\square$

✔ **注意 3.21**　（1）　上の定理の証明から，X の $\mathbb{R}^{2n+1}$ への埋め込み写像の全体は，可算個の開集合の共通部分として表される（G_{δ} 集合と呼ばれる）稠密集合である．性質 P を満たす対象が「沢山ある」ことを，「P を満たす集合が稠密 G_{δ} 集合をなす」として定式化することがある．
（2）　X が n 次元多様体なら X は $\mathbb{R}^{2n}$ へ埋め込むことができる（ホイットニーの埋め込み定理）．PL カテゴリーにおける証明については [108] 参照．

この節の最後に以下の Hurewicz の定理に触れておこう．証明および一般化については [58] 参照．$|f^{-1}(y)|$ は f のファイバー $f^{-1}(y)$ の点の個数を表す．

◇ **定理 3.22**　$f : X \to Y$ を可分距離空間の閉写像とする．$\dim(f) := \sup\{\dim f^{-1}(y) \mid y \in Y\}, \mathrm{mult}(f) := \sup\{|f^{-1}(y)| \mid y \in Y\}$ とおく．このとき，以下の不等号が成り立つ．

$$\dim X \leq \dim Y + \dim f, \quad \dim Y \leq \dim X + \mathrm{mult} f - 1.$$

3.2　1次元位相力学系と射影極限

本章の最後に，1次元位相力学系における射影極限について簡単に触れておきたい．コンパクト距離空間 X 上の連続写像 $f : X \to X$ の反復合成 $f^n = f \circ f \circ \cdots \circ f$ の漸近挙動に興味があるとき，f を X 上の**位相力学系**と呼ぶ．例 1.3 でみたように，可微分多様体上の可微分力学系において，コンパクト部分集合（部分多様体とは限らない）が力学系の本質的な部分を担うことがある．そのため位相力学系理論において X は（多様体とは限らない）コンパクト距離空間と仮定されることがある（[3], [126] 参照）．現在では複雑な空間上の力学系が，独立した興味の下で研究されることも多い．

位相力学系 $f : X \to X$ に対して射影系

$$X \xleftarrow{\;f\;} X \xleftarrow{\;f\;} X \xleftarrow{\;f\;} \cdots \xleftarrow{\;f\;} X \xleftarrow{\;f\;} \cdots$$

の射影極限をここでは (X, f) と表す．(X, f) の点は X の点からなる無限列：

$$(x_1, x_2, x_3, \ldots), \quad \text{但し } x_1 = f(x_2), x_2 = f(x_3), \ldots, x_n = f(x_{n+1}), \ldots$$

として表せる．(X, f) にはシフト写像と呼ばれる自然な同相写像

$$\sigma_f : (X, f) \to (X, f), \sigma_f((x_i))_n = x_{n+1}, \quad (x_i) \in (X, f)$$

が定まり，その逆写像 τ_f は

$$\tau_f((x_i)) = (f(x_i)) = (f(x_1), x_1, x_2 \ldots) \tag{3.3}$$

で与えられる．以下の図式は可換であり，その意味で τ_f は f の持ち上げである（$\pi : (X, f) \to X$ は第 1 座標への射影）．

$$
\begin{array}{ccc}
(X, f) & \xrightarrow{\;\tau_f\;} & (X, f) \\
\pi \downarrow & & \downarrow \pi \\
X & \xrightarrow{\;f\;} & X
\end{array}
$$

また X^∞ を X の可算直積として，$\tau_f : X^\infty \to X^\infty$ を式 (3.3) によって定めれば，$\bigcap_{n=1}^{\infty} \tau_f^n(X^\infty) = (X, f)$ が成り立つから，(X, f) は $\tau_f : X^\infty \to X^\infty$ の（大域）アトラクターでもある．

◆ 例 3.23　　(1)　複素数平面上の単位円周 $S^1 := \{z \in \mathbb{C} \mid |z| = 1\}$ と $p \geq 2$ に対して $f_p : S^1 \to S^1$ を $f_p(z) = z^p$, $z \in S^1$, と決める．$\Sigma_p = (S^1, f_p)$ を p 進ソレノイド (p-adic solenoid) という．Σ_p は 1 次元不安定多様体を持つ $\mathbb{R}^3$ 上の双曲力学系のアトラクターとして現れる（[106] 参照）．

(2)　$a \in [\frac{1}{2}, 1]$ に対してテント写像 $t_a : [0, 1] \to [0, 1]$ を

$$
t_a(x) = \begin{cases}
2ax & x \in [0, 1/2], \\
2a(1 - x) & x \in [1/2, 1]
\end{cases}
$$

をおく．t_1 はカオス的区間力学系としてよく知られている．

位相力学系 $f : X \to X$ に対して，(X, f) の位相および σ_f, τ_f の力学系を研究することは自然な問題である．例えば位相的エントロピー（[126] 参照）$h_{\mathrm{top}}(\cdot)$ に対して，$h_{\mathrm{top}}(f) = h_{\mathrm{top}}(\sigma_f)$ が成り立つことが知られている（[133]）．以下にみるように，1次元空間 X 上の力学系 f が複雑なら，多くの場合 (X, f) の位相も複雑である．このことは位相力学系における射影極限を研究する際の指導原理の一つである．

◆ **定義 3.24** コンパクト連結距離空間 X が，二つのコンパクト連結真部分集合 K, L の和として $X = K \cup L$ と表せるとき X は **decomposable** であるといい，そうでないとき **indecomposable** であるという．

残念ながら "decomposability/indecomposability" の適切な訳語を思いつくことができない．コンパクト連結多面体は全て decomposable である．一方ソレノイドや $([0, 1], t_1)$ は indecomposable である．

Barge と Martin は連続写像 $f : [0.1] \to [0, 1]$ が $2^i(2j + 1)$ 周期 $(i \geq 0, j \geq 1)$ の周期点を持てば，$([0, 1], f)$ は indecomposable なコンパクト連結部分集合を含むことを示して，位相力学系の研究に新分野を拓いた [6]．Šarkovskii の定理（[40]）から，上のような f は任意の $k \geq i, \ell \geq j, m \geq 0$ に対して $2^k(2\ell + 1)$ 周期および 2^m 周期の周期点を持つ．現在では以下の定理が知られている．ここでは1次元多面体をグラフと呼ぶ．グラフ G 上の連続写像 $f : G \to G$ に対して，G の単体分割が次のようにとれるとき，f を区分的単調写像という：各1単体 σ に対して $f|\sigma : \sigma \to f(\sigma)$ が単調，即ち $f|\sigma$ の各ファイバーは連結．

◇ **定理 3.25** [5] G を有限連結グラフ，$f : G \to G$ を区分的単調写像とする．このとき以下は同値である．

(1) $h_{\mathrm{top}}(f) > 0$.

(2) (G, f) は indecomposable なコンパクト連結部分集合を含む．

Henderson によって与えられた例 [77] から，定理 3.25 において区分的単調性の仮定を落とすことはできないことがわかる．1次元力学系の射影極限の indecomposability についての研究はその後も続けられ，C. Mouran, 加藤久男等による貢献がある．例えば [33] およびそこにある文献を参照．

　ごく簡単な写像 $f: X \to X$ に対しても，射影極限 (X, f) の具体的な位相型を同定することは一般に難しい．例えば異なる $a, b \in [1/2, 1]$ に対して，テント写像 t_a, t_b（例 3.23(2)）の定める射影極限の位相型を区別することは繊細な問題である．4 章で紹介する位相不変量はこれらを区別するために用いることができない．W.T. Ingram は $a \neq b$ ならば $([0, 1], t_a)$ と $([0, 1], t_b)$ は位相同型でないであろうと予想し（1995 年頃），[4] によりようやく解決した．

　位相力学系 $f: X \to X$ の複雑さは，f が X を「折り畳む」あるいは「何重にも巻き付ける」ことによって生じることが多い（双曲性：例 1.3，例 3.23 参照）．$\dim X = 1$ のときはこのような f の振る舞いが (X, f) の複雑さに直接反映して，定理 3.25 の様な定理が得られる．$\dim X > 1$ の場合でも同様の複雑さは生ずるのだが，その複雑さを上の意味での indecomposability で記述できるとは限らず，他の概念を必要とすることが多い．

　高次元の位相力学系理論（特に拡大的同相写像の理論）における射影極限の果たす役割については [3] に解説されている．

4

ANR空間・シェイプ型
およびCell-like写像

　第1章で述べたように，単体分割できない空間（仮に野性的空間と呼ぼう）の特異（コ）ホモロジー群，基本群・ホモトピー群は直感に反する結果を与えることがある。野性的空間に対しても「適切な」結果を与えるような位相不変量を得るための一般論が本章の主題である。アイディアはごく単純で，野性的空間 X とその上の連続写像を近似する，多面体とその上の写像のホモトピー型のなすシステムを，X に付随する1つの対象として捉えることである。野性的空間の近似システムを考察する際には，ANR 空間のクラスを考えると都合が良い。ANR 空間のクラスは，多面体のクラスを含みかつホモトピー論的に多面体・CW 複体と同様に振る舞う。ANR 空間を基礎として，野性的空間のホモトピー論としてのシェイプ理論が展開される。K. Borsuk によって創始された ANR 理論およびシェイプ理論は，現在野性的空間の幾何学的トポロジーを展開する基本的な枠組みを提供している。本章では [88] をもとに，ANR 空間およびシェイプ理論にごく簡単に触れる。4.3 節で考察する cell-like 写像は，第5–6章において中心的な役割を果たす。

4.1 ANR 空間

　ハウスドルフ空間 X の閉部分集合 A が X のレトラクト (retract) であるとは，連続写像 $r : X \to A$ で $r|A = \mathrm{id}_A$ を満たすものが存在することである。r をレトラクションという。A の近傍 U が存在して A が U のレトラクトである

とき A は X の**近傍レトラクト** (neighborhood retract) であるという。位相空間 S の T への位相埋め込み $i : S \to T$ の像 $i(S)$ が T の閉集合であるとき，i を**閉埋め込み**であるという。

◆ **定義 4.1**　　(1)　位相空間 M が **ANE 空間** (Absolute Neighborhood Extensor) であるとは，任意の距離空間 X の任意の閉集合 A と任意の連続写像 $f : A \to M$ に対して，A の近傍 U 上への f の連続拡張 $\bar{f} : U \to E$ が存在することである。常に $U = X$ ととれるとき M は **AE 空間** (Absolute Extensor) であるという。

(2)　距離空間 M が **ANR 空間** (Absolute Neighborhood Retract) であるとは，M の任意の距離空間 E へ任意の閉埋め込み $e : M \to E$ に対して，$e(M)$ が E の近傍レトラクトであることである。$e(M)$ が常に E のレトラクトであるとき，M を **AR 空間** (Absolute Retract) という。

定義から AE 空間は ANE 空間，AR 空間は ANR 空間である。ANE 空間はより詳しく，距離空間のクラスに対する ANE 空間と呼ばれることもある。距離空間 M が距離空間 E の閉集合であるとき，$\mathrm{id}_M : M \to M$ の連続拡張 $r : E \to M$ は E の M 上へのレトラクションだから ANE 空間は ANR 空間，AE 空間は AR 空間である。

ティーツェの拡張定理（定理 1.4）から，立方体 I^n，ヒルベルト立方体 I^∞，ユークリッド空間 $\mathbb{R}^n$ は AE 空間である。次の定理の証明は例えば [88, Chap.1, Sec.3] 参照。

◇ **定理 4.2**（Dugundji の拡張定理）　局所凸線形位相空間の閉凸集合は AE 空間である。

どんな距離空間もあるバナッハ空間の凸集合に閉集合として埋め込むことができる（Kuratowski-Wojdyslawski の定理 [88, Chap.1, Sec.3] 参照）。このことから以下が得られる。

◇ **定理 4.3**　距離空間 M が AE (ANE) 空間であるための必要十分条件はそれが AR (ANR) 空間であることである。

証明　ANE 距離空間は ANR 空間であることは既に見た．M を ANR 空間とする．Kuratowski-Wojdyslawski の定理によって，M をバナッハ空間 E の凸集合 C の閉部分集合としてよい．M の C における近傍 O とレトラクション $r : O \to M$ をとる．距離空間 X の閉集合 A 上定義された連続写像 $f : A \to M$ に対して，定理 4.2 から連続拡張 $F : X \to C$ をとる．$U = F^{-1}(O)$ とおくと U は A の近傍である．$\bar{f} := r \circ F|U : U \to M$ は f の拡張である．よって M は ANE である．AR/AE 空間に関しても同様である．　　　　　　　　　　□

　したがって本書で取り扱う範囲では ANR 空間と ANE 空間を区別しなくてよい．以後用語としてもっぱら「ANR 空間」を用いる．位相空間 M の開被覆 $\mathcal{U}$ と連続写像 $f, g : X \to M$ に対して，f と g が $\mathcal{U}$-close ($f =_{\mathcal{U}} g$)，$\mathcal{U}$-ホモトピック ($f \simeq_{\mathcal{U}} g$) であることの定義については，1.2 節参照．ANR 空間に関する以下の 2 つの定理は基本的であり，繰り返し使われる．

◇ **定理 4.4**　M を ANR 空間とする．M の任意の開被覆 $\mathcal{U}$ に対して次を満たす細分 $\mathcal{V}$ が存在する：任意の距離空間 X から M への 2 つの連続写像 $f, g : X \to M$ に対し

$$f =_{\mathcal{V}} g \Rightarrow f \simeq_{\mathcal{U}} g.$$

もし X の閉集合 A に対して $f|A = g|A$ なら，上の $\mathcal{U}$-ホモトピーは $H(a, t) = f(a) = g(a)$, ($\forall a \in A, \forall t \in [0,1]$) を満たすように選ぶことができる．

証明　M をバナッハ空間 B の凸集合 K の閉部分集合としてよい．M の K における近傍 N とレトラクション $r : N \to M$ をとる．M の開被覆 $\mathcal{U}$ に対して $r^{-1}(\mathcal{U})$ の細分 $\mathcal{W}$ で K の凸集合からなるものをとる．$\mathcal{V} = \mathcal{W}|M$ が求める被覆であることを示すため，$f, g : X \to M$ を $\mathcal{V}$-close な 2 つの連続写像とする．各 $x \in X$ に対して $\{f(x), g(x)\} \subset V_x$ を満たす $V_x \in \mathcal{V}$ をとる．$\mathcal{V}$ の取り方から，$V_x = W_x \cap M, W_x \in \mathcal{W}$ と表せる．凸集合 W_x に対して $W_x \subset r^{-1}(U_x)$ を満たす $U_x \in \mathcal{U}$ が存在する．特に $(1-t)f(x) + tg(x) \in W_x \subset r^{-1}(U_x)$, $\forall t \in [0,1]$ が成り立つ．よって $H : X \times [0,1] \to M$ を

$$H(x, t) = r((1-t)f(x) + tg(x)), \quad (x, t) \in X \times [0,1]$$

と定めると H は f と g を結ぶ $\mathcal{U}$-ホモトピーである。$f(a) = g(a)$ なら $H(a, t) = f(a) = g(a)$ であることは見やすい。   □

◇ **系 4.5**   ANR 空間は**局所可縮**である，即ち ANR 空間 M の任意の点 x の任意の近傍 U に対して，x の近傍 V で $V \subset U$ かつ包含写像 $V \hookrightarrow U$ が零ホモトピックであるものが存在する。

証明 M の開被覆 $\{U, M \setminus \{x\}\}$ の細分 $\mathcal{V}$ で定理の条件を満たすものを取り，x を含む $\mathcal{V}$ の元 V をとると V が求めるものである。   □

◆ **定義 4.6** $n \geq 0$ とする。位相空間 X の任意の点 x の任意の近傍 U に対して，x の近傍 V が，$V \subset U$ かつ，包含写像 $V \hookrightarrow U$ が誘導するホモトピー群の間の準同型 $\pi_i(V) \to \pi_i(U)$ が，$i = 0, \ldots, n$ に対して零写像であるように存在するとき，X を**局所 n 連結空間**（LC^n 空間）であるという。任意の n に対して局所 n 連結である空間を**局所 ∞ 連結空間**（LC^∞ 空間）という。

上の系から ANR 空間は LC^∞ 空間である。LC^∞ 空間が ANR であるとは限らない（[79, Chap. 5, section 8]）が，有限次元性の仮定の下で以下が成り立つ。証明は省略する。

◇ **定理 4.7** [79, Chap. 5, section 7] X が可分距離空間で $\dim X \leq n < \infty$ とする。このとき以下の 3 条件は同値である。

(1) X が ANR 空間である。

(2) X は LC^∞ 空間である。

(3) X は LC^n 空間である。

特に有限被覆次元を持つ局所可縮な可分距離空間は ANR である。

以下の定理にあるように，ANR 空間であるかどうかは局所的に決まる。

◇ **定理 4.8** [79, Chap. III, Section 8, Theorem 8.1]   距離空間 M が ANR 空間であるための必要十分条件は，M の任意の点が ANR 近傍を持つことである。特に位相多様体は ANR である。

　次の定理は ANR 空間のもつ基本的な性質であって，以後しばしば用いられる。

◇ **定理 4.9（ホモトピー拡張定理）**　M を ANR 空間，(X, A) を距離空間とその閉集合の空間対とする。

(1)　連続写像 $f : X \to M$ と A 上のホモトピー $H : A \times [0,1] \to M$ が $H_0 = f|A$ を満たすとする。このとき X 上のホモトピー $\bar{H} : X \times [0,1] \to M$ が

$$\bar{H}_0 = f, \quad \bar{H}|A \times [0,1] = H$$

を満たすように存在する。

(2)　2 つの連続写像 $f, g : A \to M$ がホモトピックであるとする。f が連続拡張 $X \to M$ を持つなら，g も連続拡張 $X \to M$ を持つ。

(3)　2 つの連続写像 $f, g : X \to M$ が $f|A \simeq g|A$ を満たすなら，A の近傍 U が $f|U \simeq g|U$ を満たすように存在する。

証明　(1) $\hat{H} : X \times \{0\} \cup A \times [0,1] \to M$ を

$$\hat{H}(x, 0) = f(x), \ x \in X, \quad \hat{H}(a, t) = H(a, t), \ (a, t) \in A \times [0,1]$$

とおくと $\hat{H}$ は well-defined な連続写像である。M は ANR であるから $(X \times \{0\}) \cup (A \times [0,1])$ の近傍 W と $\hat{H}$ の W への拡張 $\tilde{H} : W \to M$ が存在する。$[0,1]$ のコンパクト性を用いて A の開近傍 V を $V \times [0,1] \subset W$ を満たすようにとり，連続関数 $\alpha : X \to [0,1]$ を $\alpha|A \equiv 1$, $\alpha|X \setminus V \equiv 0$ を満たすようにとる（ウリゾーンの補題，定理 1.4）。$\bar{H} : X \times [0,1] \to M$ を

$$\bar{H}(x, t) = (x, \alpha(x)t), \ (x, t) \in X \times [0,1]$$

と定めると，$\bar{H}$ が求めるホモトピーである。

　(2) は (1) の直接の帰結である。

　(3) ホモトピー $H : A \times [0,1] \to M$ が $H(a, 0) = f(a)$, $H(a, 1) = g(a)$, $a \in A$ を満たすとする。$\bar{H} : X \times \{0, 1\} \cup A \times [0,1] \to M$ を

$$\bar{H}|X \times \{0\} = f, \ \bar{H}|X \times \{1\} = g, \ \bar{H}|A \times [0,1] = H$$

とおき，M が ANR であることを用いて，$X \times \{0,1\} \cup A \times [0,1]$ の近傍 O と $\bar{H}$ の O への拡張 $\tilde{H} : O \to M$ をとる．A の近傍 U を $U \times [0,1] \subset O$ を満たすようにとれば，$\hat{H} := \tilde{H}|U \times [0,1] : U \times [0,1] \to M$ は $f|U$ と $g|U$ を結ぶホモトピーである．　　　　　　　　　　　　　　　　　　　　　　　　　　　□

◇ **定理 4.10**　距離空間 M に対して，M が AR $\iff$ M は可縮な ANR．

証明　AR 空間は可縮であることは見やすい．M を可縮な ANR，(X, A) を距離空間とその閉集合の組，$f : A \to M$ を連続写像とする．M が可縮だから $f \simeq 0$，定理 4.9 を用いて f は X 上の連続写像に拡張される．つまり M は AE 空間よって AR 空間である．　　　　　　　　　　　　　　　　　　　　□

　ANR 空間に値を持つ関数空間もまた ANR 空間である．X がコンパクト空間，(Y, d) を距離空間とするとき，X から Y への連続写像全体 $C(X, Y)$ は式 (1.2) の距離によって距離空間である．

◇ **定理 4.11**[112, Chap.6, Sec.1, 6.1.9, Chap.7, Lemma 7.9.4]　X をコンパクト距離空間，X_1, X_2 を X の互いに素な閉部分集合とする．Y を ANR 空間，Y_1, Y_2 を Y の部分集合で ANR であるものとする．このとき
$$C((X; X_1, X_2), (Y; Y_1, Y_2)) = \{f \in C(X, Y) \mid f(X_i) \subset Y_i, \ i = 1, 2\}$$
も ANR 空間である．

　次の定理の証明も省略する．

◇ **定理 4.12**[88, Appendix I, Theorem 5]　位相空間 X に対して以下の 4 条件は同値である．

(1)　X はある多面体と同じホモトピー型を持つ．

(2)　X はある CW 複体と同じホモトピー型を持つ．

(3)　X はある ANR 空間と同じホモトピー型を持つ．

(4)　X はある多面体 P による homotopy domination を持つ，即ち連続写像 $f : X \to P$ と $g : P \to X$ が $g \circ f \simeq \mathrm{id}_X$ を満たすよう存在する．

✔ **注意 4.13**　上の条件 (4) に関して次が成り立つ：X がコンパクト ANR 空間とする．任意の $\varepsilon > 0$ に対してコンパクト多面体 P と連続写像 $f : X \to P$, $g : P \to X$

が $g \circ f \simeq_\varepsilon \mathrm{id}_X$ を満たすように存在する．例えば [124, Chap, 5, section 1, Theorem 5.1.8] 参照．このことは，定理 4.37 の証明に用いられる．

✔ **注意 4.14** 定理 4.12 に現れる空間をすべてコンパクトと仮定し，以下の条件を考えよう．

(1a) X はあるコンパクト多面体と同じホモトピー型を持つ．

(2a) X はあるコンパクト CW 複体と同じホモトピー型を持つ．

(3a) X はあるコンパクト ANR 空間と同じホモトピー型を持つ．

(4a) X はあるコンパクト多面体 P による homotopy domination を持つ．

$(1a) \iff (2a) \iff (3a)$ が成り立つ．$(1a) \iff (3a)$ は J. West によって Hilbert cube 多様体の理論を用いて証明された（[127]．系 6.32 参照）．$(1a) \implies (4a)$ は明らかに正しいが逆は一般に成り立たない．

4.2 シェイプ圏

前章で述べたように，任意のコンパクトハウスドルフ空間 X に対し，$X = \varprojlim(X_\lambda, p_{\lambda\mu} : X_\mu \to X_\lambda; \lambda \in \Lambda)$（各 X_λ はコンパクト多面体）を満たす射影系が存在する．射影系 $(X_\lambda, p_{\lambda\mu})$ を X のホモトピー的近似を与える対象とみなすことがシェイプ理論の基本的な考え方である．X を近似する系 $(X_\lambda, p_{\lambda\mu})$ は沢山あるから，それらの間に適切な同値関係を定義し，更に連続写像 $f : X \to Y$ の近似系 (f_λ) を適切に定義することが必要で，これが本節の主題である．

シェイプ理論 (shape theory) は K. Borsuk によって創始され，現在では野性的空間の幾何学的研究における基本言語の一つである．Borsuk はコンパクト距離空間 X を ANR 空間 M（例えばヒルベルト立方体 $[0,1]^\infty$）に埋め込み（定理 1.4），X の M における近傍系

$$N_1 \supset N_2 \supset \cdots \supset N_i \supset \cdots \supset \bigcap_{i=1}^\infty N_i = X \tag{4.1}$$

を考察した．調べたい空間が自然に ANR 空間の部分集合とみなせるとき，この方法は直感的でわかりやすい（第 7 章参照）．ここでは [88] に従い，射影系を用いた定式化を採ることにする．抽象的に見える一方，一般性においていくつかの利点を持っているためである．以下のような圏を考える：

- Set=集合と写像のなす圏。
- Top= 位相空間と連続写像のなす圏。
- Cpt= コンパクトハウスドルフ空間のなす Top の充満部分圏。
- HTop= 位相空間のホモトピー型と連続写像のホモトピー類のなす圏。
- HPol = CW 複体のホモトピー型をもつ空間のなす HTop の充満部分圏。
- Grp=群と準同型のなす圏。
- Ab=アーベル群のなす Grp の充満部分圏.

◆ **定義 4.15**　有向集合 Λ で添字付けられた位相空間族 $\{X_\lambda \mid \lambda \in \Lambda\}$ と連続写像族 $\{p_{\lambda\mu} : X_\mu \to X_\lambda | \lambda \le \mu\}$ が

$$p_{\lambda\mu} \circ p_{\mu\nu} \simeq p_{\lambda\nu}, \quad \lambda \le \mu \le \nu$$

を満たすとき，$\mathbf{X} = (X_\lambda, p_{\lambda\mu} : X_\mu \to X_\lambda; \Lambda)$ を圏 HTop の射影系という。各 X_λ が HPol の対象である（つまり CW 複体のホモトピー型を持つ）とき，圏 HPol の射影系という。

$\mathbf{X} = (X_\lambda, p_{\lambda\lambda'} : X_{\lambda'} \to X_\lambda; \Lambda)$ と $\mathbf{Y} = (Y_\lambda, q_{\mu\mu'} : Y_{\mu'} \to Y_\mu; \mathrm{M})$ が HTop の射影系とする。$\mathbf{X}$ から $\mathbf{Y}$ への射 $\mathbf{f} : \mathbf{X} \to \mathbf{Y}$ とは添字集合の間の写像 $\phi : \mathrm{M} \to \Lambda$ と $(f_\mu : X_{\phi(\mu)} \to Y_\mu)_{\mu \in \mathrm{M}}$ の組 $\mathbf{f} = ((f_\mu), \phi)$ で以下を満たすものである：任意の $\mu_1 \le \mu_2 \in \mathrm{M}$ に対して $\lambda \ge \phi(\mu_1), \phi(\mu_2)$ が存在して，$f_{\mu_1} \circ p_{\phi(\mu_1)\lambda} \simeq q_{\mu_1\mu_2} \circ f_{\mu_2} \circ p_{\phi(\mu_2)\lambda}$ が成り立つ（下の図式参照）。

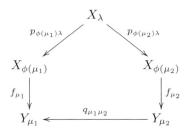

$\mathbf{X} = (X_\lambda, p_{\lambda\lambda'}; \Lambda)$, $\mathbf{Y} = (Y_\mu, q_{\mu\mu'}; \mathrm{M})$, $\mathbf{Z} = (Z_\nu, r_{\nu\nu'}; \mathrm{N})$ の間の射 $\mathbf{f} = (f_\mu, \phi)$ と $\mathbf{g} = (g_\nu : Y_{\psi(\nu)} \to Z_\nu, \psi : \mathrm{N} \to \mathrm{M})$ に対して，合成射 $\mathbf{g} \circ \mathbf{f} : \mathbf{X} \to \mathbf{Z}$ を

$$g_\nu \circ f_{\psi(\nu)} : X_{\phi(\psi(\nu))} \to Y_{\psi(\nu)} \to Z_\nu, \quad \phi \circ \psi : \mathrm{N} \to \Lambda \tag{4.2}$$

の組によって定める。また恒等射 $\mathbf{1} : \mathbf{X} \to \mathbf{X}$ を $((\mathrm{id}_{X_\lambda}), \mathrm{id}_\Lambda)$ と定める。

位相空間 W を，W 唯一つからなる射影系 (W, id_W) と同一視する。射 $\mathbf{f} : W \to \mathbf{X} = (X_\lambda, p_{\lambda\lambda'}; \Lambda)$ とは，連続写像族 $(f_\lambda : W \to X_\lambda)$ で $p_{\lambda\lambda'} \circ f_{\lambda'} \simeq f_\lambda$, $\lambda \leq \lambda'$, を満たすものに他ならない。

◆ **定義 4.16** HTop の射影系 $\mathbf{X} = (X_\lambda, p_{\lambda\lambda'}; \Lambda)$, $\mathbf{Y} = (Y_\mu, q_{\mu\mu'}; \mathrm{M})$ の間の 2 つの射 $\mathbf{f} = (f_\mu, \phi), \mathbf{g} = (g_\mu, \psi) : \mathbf{X} \to \mathbf{Y}$ が同値である（$\mathbf{f} \sim \mathbf{g}$ で表す）とは，任意の $\mu \in \mathrm{M}$ に対して $\lambda \geq \phi(\mu), \psi(\mu)$ が存在して，$f_\mu \circ p_{\phi(\mu)\lambda} \simeq g_\mu \circ p_{\psi(\mu)\lambda}$ が成り立つことである（以下の図式参照）。

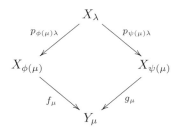

コンパクト距離空間が (4.1) のように表されているとき，上の定義は以下の様にわかりやすく書き直すことができる。

◆ **例 4.17** コンパクト距離空間 X, Y がそれぞれ ANR 空間 M, N の部分集合で，それぞれ開近傍列によって

$$U_1 \supset U_2 \supset \cdots \supset U_i \supset \cdots \supset \bigcap_{i=1}^\infty U_i = X,$$
$$V_1 \supset V_2 \supset \cdots \supset V_i \supset \cdots \supset \bigcap_{i=1}^\infty V_i = Y$$

と表せるとする。射影系 $\mathbf{X} = (U_n, U_{n+1} \hookrightarrow U_n)$ と $\mathbf{Y} = (V_n, V_{n+1} \hookrightarrow V_n)$ において，「連続写像列 $(f_n : U_n \to V_n)$ が射 $\mathbf{X} \to \mathbf{Y}$ を定める」とは，任意の m_1, m_2（但し $m_1 \leq m_2$）に対して $\ell \geq m_2(\geq m_1)$ が存在して，$f_{m_1}|U_\ell \simeq f_{m_2}|U_\ell : U_\ell \to V_{m_1}$ が成り立つことである。「もう一つの連続写像列 $(g_n : U_n \to V_n)$ が (f_n) と同値である」とは，任意の m に対して $\ell \geq m$ が存在して，$f_m|U_\ell \simeq g_m|U_\ell : U_\ell \to V_m$ が成り立つことである。

つまり X, Y の近傍の間の写像列を考え，それらが十分小さい近傍の上で互

いにホモトピックなら一つの射を決めていると考えるのである。以下の説明は
このことを念頭に置くとわかりやすいのではないかと思う。

◆ **定義 4.18**([88])   圏 pro-HTop を

- 対象 ＝ HTop の射影系全体のなすクラス，
- 対象 $\mathbf{X}, \mathbf{Y}$ に対して

  射の集合 pro-HTop$(\mathbf{X}, \mathbf{Y})$ ＝ 上で定めた射の同値類全体

と定める。射の同値類の合成が上の射の合成から矛盾なく定義できる。HPol
の射影系からなる pro-HTop の充満部分圏を pro-HPol と表す。

◆ **定義 4.19**   位相空間 X に対してその **HPol-expansion** $\mathbf{p} : X \to \mathbf{X} = (X_\lambda, p_{\lambda\mu} : X_\mu \to X_\lambda; \Lambda)$ とは，以下を満たす HPol の射影系 $\mathbf{X} = (X_\lambda, p_{\lambda\mu} : X_\mu \to X_\lambda; \Lambda)$ と連続写像族 $(p_\lambda : X \to X_\lambda)_{\lambda \in \Lambda}$ の組である。

(E0)   各 X_λ は CW 複体と同じホモトピー型を持ち，任意の $\lambda \leq \mu$ に対して $p_{\lambda\mu} \circ p_\mu \simeq p_\lambda$ が成り立つ。

(E1)   任意の ANR 空間 P と任意の連続写像 $f : X \to P$ に対して，$\lambda \in \Lambda$ と $f_\lambda : X_\lambda \to P$ が，$f \simeq f_\lambda \circ p_\lambda$ を満たすように存在する。

(E2)   2 つの連続写像 $f, g : X_\lambda \to P$ が $f \circ p_\lambda \simeq g \circ p_\lambda$ を満たせば，$\mu \geq \lambda$ が $f \circ p_{\lambda\mu} \simeq g \circ p_{\lambda\mu}$ を満たすように存在する。

◇ **定理 4.20**   任意の位相空間 X に対して HPol-expansion $\mathbf{p} : X \to \mathbf{X}$ が存在する。

証明   ここでは X がコンパクトハウスドルフ空間であると仮定し，[88, Chap.1, Sec.5.3,Theorem 9] に従って証明する。一般の位相空間に対する証明は [88, Chap.1, Sec.4–6] 参照。

$\mathbf{X} = (X_\lambda, p_{\lambda\mu} : X_\mu \to X_\lambda; \Lambda)$ をコンパクト多面体からなる射影系で $X = \varprojlim \mathbf{X}$ を満たすものとする（定理 2.22）。$p_\lambda : X \to X_\lambda$ を射影とする。$\mathbf{X}$ が (E1), (E2) を満たすことを証明するため，ANR P を固定し P 上の開被覆 $\mathcal{U}$ を次のようにとる（定理 4.4）：任意のコンパクト空間 Z に対して

$$f, g : Z \to P, \ f =_{\mathcal{U}} g \ ならば \ f \simeq g. \tag{4.3}$$

(E1): 定理 2.24 から $\lambda \in \Lambda$ と $f_\lambda : X_\lambda \to P$ を $f =_{\mathcal{U}} f_\lambda \circ p_\lambda$ が成り立つようにとると，(4.3) から $f \simeq f_\lambda \circ p_\lambda$ が得られる。

(E2): $f, g : X_\lambda \to P$, $f \circ p_\lambda \simeq g \circ p_\lambda$ に対して，ホモトピー $H : X \times [0,1] \to P$, $H_0 = f \circ p_\lambda$, $H_1 = g \circ p_\lambda$ をとる。P の開被覆 $\mathcal{V}$ を $\mathrm{St}^2 \mathcal{V} \preceq \mathcal{U}$ を満たすように選び，$[0,1]$ の分割 $0 = t_0 < t_1 < \cdots < t_n = 1$ を，

$$H_{t_i} =_{\mathcal{V}} H_{t_{i+1}}, \quad i = 0, \ldots, n-1$$

が成り立つようにとる。

各 i に対して $\lambda_i \geq \lambda$ と $f_i : X_{\lambda_i} \to P$ を，$H_{t_i} =_{\mathcal{V}} f_i \circ p_{\lambda_i}$ が成り立つようにとる（定理 2.22）。但し $\lambda_0 = \lambda_n = \lambda$, $f_0 = f, f_n = g$ と選ぶ。$\mu \geq \lambda_1, \ldots, \lambda_n$ をとって，$g_i = f_i \circ p_{\lambda_i \mu}$ とおく。特に $g_0 = f \circ p_{\lambda \mu}$, $g_n = g \circ p_{\lambda \mu}$. このとき

$$g_i \circ p_\mu = f_i \circ p_{\lambda_i} =_{\mathcal{V}} H_{t_i} =_{\mathcal{V}} H_{t_{i+1}} =_{\mathcal{V}} f_{i+1} \circ p_{\lambda_{i+1}} = g_{i+1} \circ p_\mu$$

だから $\mathcal{V}$ の取り方から，$g_i \circ p_\mu =_{\mathcal{U}} g_{i+1} \circ p_\mu$ が成り立つ。定理 2.24 から $\nu \geq \mu$ を $g_i \circ p_{\mu\nu} =_{\mathcal{U}} g_{i+1} \circ p_{\mu\nu}$ $(i = 0, \ldots, n-1)$ を満たすようにとれる。$f \circ p_{\lambda\nu} = g_0 \circ p_{\mu\nu}$, $g \circ p_{\lambda\nu} = g_n \circ p_{\lambda\nu}$ に注意して，(4.3) と併せて以下を得る：

$$f \circ p_{\lambda\nu} = g_0 \circ p_{\mu\nu} \simeq g_1 \circ p_{\mu\nu} \simeq \cdots \simeq g_n \circ p_{\mu\nu} = g \circ p_{\lambda\nu}. \qquad \square$$

上の証明はコンパクトハウスドルフ空間が多面体の射影極限として表せることを用いている。もう一つ脈複体を用いて HPol-expansion を得る方法を簡単に紹介する。簡単のため X をコンパクトハウスドルフ空間とする。$\mathcal{U}, \mathcal{V}$ を X の有限開被覆で $\mathcal{V} \preceq \mathcal{U}$ とする。それぞれの脈複体 $N_{\mathcal{U}}, N_{\mathcal{V}}$ を考え，各 $V \in \mathcal{V}$ に対して $U \in \mathcal{U}$（但し $V \subset U$）を一つずつ選ぶことで写像 $p_{\mathcal{U}\mathcal{V}} : \mathcal{V} \to \mathcal{U}$ が定まる：

$$p_{\mathcal{U}\mathcal{V}}(V) \supset V, \quad V \in \mathcal{V}. \tag{4.4}$$

脈複体の定義（定義 2.1）から，$\{V_1, \ldots, V_k\}$ が $N_{\mathcal{V}}$ のある単体の頂点集合なら，$\{p_{\mathcal{U}\mathcal{V}}(V_1), \ldots, p_{\mathcal{U}\mathcal{V}}(V_k)\}$ は $N_{\mathcal{U}}$ のある単体を張るから，単体写像が誘導する連続写像 $p_{\mathcal{U}\mathcal{V}} : |N_{\mathcal{V}}| \to |N_{\mathcal{U}}|$ が誘導される。写像 $p_{\mathcal{U}\mathcal{V}} : \mathcal{V} \to \mathcal{U}$ は一意的に決まるとは限らないが，$q_{\mathcal{U}\mathcal{V}} : \mathcal{V} \to \mathcal{U}$ を (4.4) を満たすもう一つの写像とす

ると，誘導された写像 $q_{\mathcal{U}\mathcal{V}} : |N_{\mathcal{V}}| \to |N_{\mathcal{U}}|$ は $p_{\mathcal{U}\mathcal{V}}$ とホモトピックであること
を示すことができる．

　このようにして X の有限開被覆の全体 $\mathrm{Cov}^f(X)$ を添字集合とする HPol に
おける射影系 $\mathbf{C}(X) := (|N_{\mathcal{U}}|, p_{\mathcal{U}\mathcal{V}}; \mathrm{Cov}^f(X))$ が定まった．$\mathcal{U} \in \mathrm{Cov}^f(X)$ に
対して $p_{\mathcal{U}} : X \to N_{\mathcal{U}}$ を標準写像（定義 2.2）とすると，次が成り立つ．証明
は省略する．

◇ **定理 4.21**[88, Chap. I, section 4.2, Theorem 3]　X はコンパクトハウ
スドルフ空間とする．上の記号の下で $\mathbf{p} := (p_{\mathcal{U}}) : X \to \mathbf{C}(X)$ は X の
HPol-expansion である．

✔ **注意 4.22**　コンパクト距離空間 X の開被覆の列 $\{\mathcal{U}_i\}$ を $\mathcal{U}_{i+1} \preceq \mathcal{U}_i$ かつ
mesh $\mathcal{U}_i \to 0$ を満たすようにとり，単体写像 $p_i : N_{\mathcal{U}_{i+1}} \to N_{\mathcal{U}_i}$ を (4.4) によって定
めると，射影系 $(|N_{\mathcal{U}_i}|, p_i)$ を得る．ここで X は射影極限 $\varprojlim(|N_{\mathcal{U}_i}|, p_i)$ と位相同型
であるとは限らないが，p_i を取り換えて連続写像 $q_i : |N_{\mathcal{U}_{i+1}}| \to |N_{\mathcal{U}_i}|$ を定義し，X
が射影極限 $\varprojlim(|N_{\mathcal{U}_i}|, q_i)$ と位相同型であるようにできる（[89]）．[45, Theorem 2.8]
も参照．

　HPol-expansion に基づいてシェイプ圏を定義しよう．

◇ **定理 4.23**([88, Chap.1, Sec.2.1, Theorem 1] 参照)　$\mathbf{p} : X \to \mathbf{X}$ を X の
HPol-expansion とする．任意の HPol の射影系 $\mathbf{Y}$ と射 $\mathbf{h} : X \to \mathbf{Y}$ に対して
pro-HPol の射 $\mathbf{f} : \mathbf{X} \to \mathbf{Y}$ が pro-HTop における等式 $\mathbf{f} \circ \mathbf{p} = \mathbf{h}$ を満たすよう
に一意に存在する．

証明の概略　$\mathbf{X} = (X_\lambda, p_{\lambda\mu} : X_\mu \to X_\lambda; \Lambda_X)$，$\mathbf{Y} = (Y_\lambda, q_{\lambda\mu} : Y_\mu \to$
$Y_\lambda; \Lambda_Y)$，また $\mathbf{p} = (p_\lambda : X \to X_\lambda)$，$\mathbf{h} = (q_\lambda : X \to Y_\lambda)$ とおく．各
$\lambda \in \Lambda_Y$ に対して $\mu \in \Lambda_X$ と写像 $f_\lambda : X_\mu \to Y_\lambda$ を $f_\lambda \circ p_\mu \simeq q_\lambda$ を満たすよ
うにとる（定義 4.19）．写像 $\phi : \Lambda_Y \to \Lambda_X$ を $\lambda \mapsto \mu$ によって定めると連続
写像の族 $\mathbf{f} = (f_\lambda : X_{\phi(\lambda)} \to Y_\lambda)_{\lambda \in \Lambda_Y}$ が得られる．$\mathbf{f}$ が pro-HPol の射であ
ること，$\mathbf{f} \circ \mathbf{p} = \mathbf{h}$ が成り立つことが，定義 4.19 を用いて確かめられる．さら
に $\mathbf{g} : Y \to \mathbf{Y}$ が $\mathbf{g} \circ \mathbf{p} = \mathbf{h}$ を満たせば $\mathbf{f} \sim \mathbf{g}$ が成り立つことも確かめられ
る．　　　　　　　　　　　　　　　　　　　　　　　　　　　　　　□

◇**系 4.24**　$\mathbf{p} : X \to \mathbf{X}$ と $\mathbf{p}' : X \to \mathbf{X}'$ を X の 2 つの HPol-expansion とする。このとき pro-HPol における同型射 $\mathbf{i} : \mathbf{X} \to \mathbf{X}'$ で $\mathbf{i} \circ \mathbf{p} = \mathbf{p}'$ を満たすものが一意に存在する。

X の HPol-expansion $\mathbf{p} : X \to \mathbf{X}, \mathbf{p}' : X \to \mathbf{X}'$ と，Y の HPol-expansion $\mathbf{q} : Y \to \mathbf{Y}, \mathbf{q}' : Y \to \mathbf{Y}'$ に対して，2 つの射 $\mathbf{f} : \mathbf{X} \to \mathbf{Y}$ と $\mathbf{f}' : \mathbf{X}' \to \mathbf{Y}'$ が同値である（$\mathbf{f} \approx \mathbf{f}'$ と表す）とは，以下の図式が pro-HPol において可換であることである。但し $\mathbf{i} : \mathbf{X} \to \mathbf{X}'$, $\mathbf{j} : \mathbf{Y} \to \mathbf{Y}'$ は系 4.24 における同型射。

以上の準備の下，シェイプ圏を以下のように定める。

◆**定義 4.25**　**シェイプ圏** Sh は次のような対象および射からなる圏である:
対象 = HTop の対象，
対象 X, Y に対して，X から Y へのシェイプ射の集合 $\mathrm{Sh}(X, Y)$ は X, Y の HPol-expansion $\mathbf{p} : X \to \mathbf{X}$ と $\mathbf{q} : Y \to \mathbf{Y}$ の間の射 $\mathbf{f} : \mathbf{X} \to \mathbf{Y}$ の同値 ($\approx$) 類の全体。

連続写像 $f : X \to Y$ と HPol-expansion $\mathbf{p} : X \to \mathbf{X}$, $\mathbf{q} : Y \to \mathbf{Y}$ に対し，合成 $\mathbf{q} \circ f : X \to \mathbf{Y}$ に定理 4.23 を用いて，HPol における射 $\mathbf{f} : \mathbf{X} \to \mathbf{Y}$ が，HPol における等式 $\mathbf{q} \circ f = \mathbf{f} \circ \mathbf{p}$ が成り立つように取れる。X, Y の HPol-expansion $\mathbf{p}' : X \to \mathbf{X}'$, $\mathbf{q}' : Y \to \mathbf{Y}'$ に対して射 $\mathbf{f}' : \mathbf{X}' \to \mathbf{Y}'$ が $\mathbf{q}' \circ f = \mathbf{f}' \circ \mathbf{p}'$ を満たすように取れば，$\mathbf{f} \approx \mathbf{f}'$ が成り立つ。したがって $\mathrm{HTop}(X, Y) \to \mathrm{Sh}(X, Y); f \mapsto \mathbf{f}$ は well-defined である。こうして共変関手

$$\mathrm{HTop} \to \mathrm{Sh}$$

が得られる。定義からホモトピー同値な空間はシェイプ同値であるから，シェイプ同値によるコンパクトハウスドルフ空間の分類はホモトピー同値によるものよりも粗い。ただし CW 複体のホモトピー型を持った空間のクラスにおいては，両者の分類は一致する。

アーベル群 G に係数を持つ特異ホモロジー・コホモロジーは HTop から Ab への共変・反変関手

$$(*) \quad \mathrm{H}_*(\,\cdot\,;G), \mathrm{H}^*(\,\cdot\,;G) : \mathrm{HTop} \to \mathrm{Ab}$$

を定める．位相空間 X の HPol-expansion $\mathbf{p} : X \to \mathbf{X} = (X_\lambda, p_{\lambda\mu}; \Lambda)$ に対して，$(\mathrm{H}_*(X_\lambda; G), (p_{\lambda\mu})_*; \Lambda), (\mathrm{H}^*(X_\lambda; G), (p_{\lambda\mu})^*; \Lambda)$ はそれぞれアーベル群の射影系および帰納系をなす．Čech ホモロジー・コホモロジー群を

$$\check{\mathrm{H}}_*(X; G) = \varprojlim(\mathrm{H}_*(X_\lambda; G), (p_{\lambda\mu})_*; \Lambda),$$
$$\check{\mathrm{H}}^*(X; G) = \varinjlim(\mathrm{H}^*(X_\lambda; G), (p_{\lambda\mu})^*; \Lambda)$$

と定義すると，これらは $\mathbf{p} : X \to \mathbf{X}$ の取り方に依らずに同型を除いて一意に定まる．位相空間 X, Y の HPol-expansion $\mathbf{p} : X \to \mathbf{X}$, $\mathbf{q} : Y \to \mathbf{Y}$ の間の射 $\mathbf{f} = (f_\mu : X_{\phi(\mu)} \to Y_\mu) : \mathbf{X} \to \mathbf{Y}$ に対して，各 f_μ が誘導する準同型 $\mathrm{H}_*(f_\mu)$, $\mathrm{H}^*(f_\mu)$ から得られる射影極限・帰納極限の間の準同型 $\check{\mathrm{H}}_*(\mathbf{f}) = \check{\mathrm{H}}_*(X) \to \check{\mathrm{H}}_*(Y)$, $\check{\mathrm{H}}^*(\mathbf{f}) : \check{\mathrm{H}}^*(Y) \to \check{\mathrm{H}}^*(X)$ も，HPol-expansion の取り方に依らず同型を除いて定まる．このようにして圏 Sh から圏 Ab への関手 $\check{\mathrm{H}}_*(\,\cdot\,;G), \check{\mathrm{H}}^*(\,\cdot\,;G) : \mathrm{Sh} \to \mathrm{Ab}$ が定まり，$(*)$ から分解

$$\check{\mathrm{H}}_*(\,\cdot\,;G), \check{\mathrm{H}}^*(\,\cdot\,;G) : \mathrm{HTop} \to \mathrm{Sh} \to \mathrm{Ab}$$

が得られる．この意味で Čech ホモロジー・コホモロジー群はシェイプ理論におけるホモロジー・コホモロジー論である．ただし以下の理由により，最もよく用いられるのは圏 Cpt における Čech コホモロジー群である．

(i)　アーベル群の射影系 $(A_i, \alpha_i : A_{i+1} \to A_i), (B_i, \beta_i : B_{i+1} \to B_i)$ と $(C_i, \gamma_i : C_{i+1} \to C_i)$ に対して，完全系列のなす可換図式

$$\begin{array}{ccccccccc}
0 & \longrightarrow & A_{i+1} & \xrightarrow{f_{i+1}} & B_{i+1} & \xrightarrow{g_{i+1}} & C_{i+1} & \longrightarrow & 0 \text{ (完全)} \\
& & \downarrow{\scriptstyle \alpha_i} & & \downarrow{\scriptstyle \beta_i} & & \downarrow{\scriptstyle \gamma_i} & & \\
0 & \longrightarrow & A_i & \xrightarrow{f_i} & B_i & \xrightarrow{g_i} & C_i & \longrightarrow & 0 \text{ (完全)}
\end{array}$$

が与えられても，その射影極限における系列

$$0 \longrightarrow \varprojlim A_i \xrightarrow{\ \varprojlim f_i\ } \varprojlim B_i \xrightarrow{\ \varprojlim g_i\ } \varprojlim C_i \longrightarrow 0$$

は完全系列とは限らない。完全列を得るためには $\varprojlim C_i$ の右に $\varprojlim^1$ の 3 項を付け加えなければならない。このため Čech ホモロジー群は長完全列を持たない。

(ii) Čech コホモロジー群は Eilenberg-Steenrod の 7 つの公理を満たすコホモロジー理論であるが，コホモロジー群における普遍係数定理・Künneth の公式の一つ（定理 5.1）は，コンパクトでない空間に対して成り立つとは限らない。

　pro-HTop の定義をそっくり真似て（"$\simeq$" を "$=$" に置き換える），pro-Grp, pro-Ab, 更に圏 $\mathcal{C}$ に対して pro-$\mathcal{C}$ を定義することができる。アーベル群のなす射影系・帰納系 $(\mathrm{H}_*(X_\lambda;G),(p_{\lambda\mu})_*;\Lambda),(\mathrm{H}^*(X_\lambda;G),(p_{\lambda\mu})^*;\Lambda)$ は pro-Ab に値を持つシェイプ不変量である。ホモトピー群についても同様に，基点の系列を適切に決めた上で pro-$\pi_*(X)$ を考えることができ，Hurewicz の定理・Whitehead の定理など基本定理の類似を得ることもできる。詳細は [88] を参照。

　CW 複体の列 $\mathbb{E} = (E_n, \varepsilon_n : E_n \to \Omega E_{n+1})$（但し $\varepsilon_n : E_n \to \Omega E_{n+1}$ はホモトピー同値写像）を Ω スペクトラムと呼ぶ。$h^*(\cdot)$ を $\mathcal{CW}$ 上 $\mathbb{E}$ によって定義された一般コホモロジーとする：$h^n(X) = [X, E_n]$. 位相空間 X に対してホモトピー集合 $[X, E_n]$ は ΩE_{n+1} から誘導されるアーベル群の構造を持つ。$\mathbf{p} : X \to (X_\lambda, p_{\lambda\mu}; \Lambda)$ を X の HPol-expansion とすると，帰納系 $([X_\lambda.E_n], p_{\lambda\mu}^*; \Lambda)$ が得られる。定義 4.19 から同型

$$[X, E_n] \cong \varinjlim([X_\lambda.E_n], p_{\lambda\mu}^*; \Lambda)$$

が成り立つ。例えば Čech コホモロジー $\check{\mathrm{H}}^n(\cdot\,; G)$ に対しては $E_n = K(G, n) = (G, n)$ 型 Eilenberg-MacLane 複体，である。

　以下の定理は同型射の判定にしばしば有用である。

◇ **定理 4.26 (森田の補題)** [88, Chap.II, Sec.2.2, Theorem 5] $\mathcal{C}$ を圏, $\mathbf{X} = (X_\lambda, p_{\lambda\mu}; \Lambda)$, $\mathbf{Y} = (Y_\lambda, q_{\lambda\mu}; \Lambda)$ を同じ添字集合 Λ をもつ $\mathcal{C}$ の射影系とする. $\mathbf{f} = (f_\lambda : X_\lambda \to Y_\lambda)$ を pro-$\mathcal{C}$ の射で

$$(*) \quad \lambda_1 \leq \lambda_2 \Rightarrow f_{\lambda_1} \circ p_{\lambda_1 \lambda_2} = q_{\lambda_1 \lambda_2} \circ f_{\lambda_2}$$

を満たすとする. 以下の 2 条件は同値である.

(1) $\mathbf{f}$ が pro-$\mathcal{C}$ の同型射である.

(2) 任意の λ に対して $\lambda' \geq \lambda$ と $g_\lambda : Y_{\lambda'} \to X_\lambda$ が,

$$(**) \quad f_\lambda \circ g_\lambda = q_{\lambda\lambda'}, \quad g_\lambda \circ f_{\lambda'} = p_{\lambda\lambda'}$$

を満たすように存在する.

$$
\begin{array}{ccc}
X_\lambda & \xleftarrow{\ p_{\lambda\lambda'}\ } & X_{\lambda'} \\
{\scriptstyle f_\lambda}\downarrow & {\scriptstyle g_\lambda}\nwarrow & \downarrow{\scriptstyle f_{\lambda'}} \\
Y_\lambda & \xleftarrow{\ q_{\lambda\lambda'}\ } & Y_{\lambda'}
\end{array}
$$

証明 (概略) ここでは (2)⇒(1) のみ証明する. $\lambda \in \Lambda$ に対して (2) から定まる $\lambda' \geq \lambda$ と $g_\lambda : Y_{\lambda'} \to X_\lambda$ をとり, $\phi(\lambda) = \lambda'$ とおく. これによって写像 $\phi : \Lambda \to \Lambda$ が定まり, $g_\lambda : Y_{\phi(\lambda)} \to X_\lambda$ と表せる. このとき $(*), (**)$ と $\phi(\lambda) \geq \lambda$ を用いて

$$\mu \geq \phi(\lambda) \Rightarrow g_\lambda \circ q_{\phi(\lambda), \phi(\mu)} = p_{\lambda\mu} \circ g_\mu : Y_{\phi(\mu)} \to X_\lambda$$

が成り立つことが確かめられる. $\lambda_1 \leq \lambda_2$ なら, $\mu \geq \phi(\lambda_1), \phi(\lambda_2)$ を満たす μ をとって上を使えば, $\phi(\lambda_1) \geq \lambda_1, \phi(\lambda_2) \geq \lambda_2$ に注意して

$$g_{\lambda_1} \circ q_{\phi(\lambda_1)\phi(\mu)} = p_{\lambda_1 \mu} \circ g_\mu, \ g_{\lambda_2} \circ q_{\phi(\lambda_2)\phi(\mu)} = p_{\lambda_2 \mu} \circ g_\mu$$

が得られる. この 2 つから

$$g_{\lambda_1} \circ q_{\phi(\lambda_1)\phi(\mu)} = p_{\lambda_1 \mu} \circ g_\mu = p_{\lambda_1 \lambda_2} \circ p_{\lambda_2 \mu} \circ g_\mu = p_{\lambda_1 \lambda_2} \circ g_{\lambda_2} \circ q_{\phi(\lambda_2)\phi(\mu)}$$

が得られるから, (g_λ, ϕ) は pro-$\mathcal{C}$ の射である. $\mathbf{f} = (f_\lambda, \mathrm{id}) : \mathbf{X} \to \mathbf{Y}$, $\mathbf{g} := (g_\lambda, \phi) : \mathbf{Y} \to \mathbf{X}$ とおくと pro-$\mathcal{C}$ において, $\mathbf{f} \circ \mathbf{g} = \mathrm{id}_\mathbf{Y}, \mathbf{g} \circ \mathbf{f} = \mathrm{id}_\mathbf{X}$ が成り立つことが $(**)$ から確かめられる. □

以上の概念をもとに Warsaw circle, topological $\sin(1/x)$-curve, ハワイア
ンイヤリング, ソレノイドについて再考しよう。

◆**例 4.27** 2.2 節でみたように topological $\sin(1/x)$-curve A は cellular (定義
2.13) であり, $\mathbb{R}^2$ 内の 2 次元円板の単調減少列 $D_1 \supset \cdots \supset D_i \supset D_{i+1} \supset \cdots$
によって $A = \bigcap_{i=1}^{\infty} D_i$ と表すことができる。$*$ を 1 点集合とする。射影系
$(D_i, D_{i+1} \hookrightarrow D_i)$ を A の HPol-expansion として用いて, D_i が可縮である
ことから $\mathrm{Sh}(A) = \mathrm{Sh}$ (1 点集合) がわかる (あるいは次の図式を各三角形がホモ
トピー可換であるように構成して定理 4.26 を用いてもよい)。

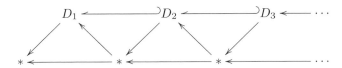

同様に区間力学系 $f : [0,1] \to [0,1]$ (例えばテント写像 (例 3.23)) の射影極
限 $([0,1], f)$ も 1 点とシェイプ同値である。特に任意のアーベル群 G に対して
$\check{\mathrm{H}}^*(A : G) = \check{\mathrm{H}}^*(([0,1], f) : G) = 0$. 3.2 節の終わり参照。

◆**定義 4.28** コンパクトハウスドルフ空間 X が 1 点集合と同じシェイプ型を
もつとき, X は **trivial shape を持つ**, あるいは **cell-like** であるという。こ
のとき $\mathrm{Sh}\, X = 0$ と表す。

上の例から, topological $\sin(1/x)$-curve A や $([0,1], f)$, また可縮なコンパ
クト距離空間, 位相多様体の celluar 集合 (定義 2.13) はみな cell-like 集合で
ある。

◆**例 4.29** 2.1 節でみたように, Warsaw circle W を $\mathbb{R}^2$ のアニュラスの単調
減少列 $A_1 \supset \cdots \supset A_i \supset A_{i+1} \supset \cdots$ によって $W = \bigcap_{i=1}^{\infty} A_i$ とあらわすこと
ができる。包含写像 $A_{i+1} \hookrightarrow A_i$ がホモトピー同値写像であることを用いると,
以下の図式を各三角形がホモトピー可換であるように構成できる:

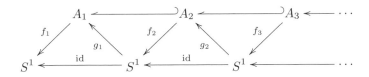

ここで f_i, g_i はいずれもホモトピー同値写像。定理 4.26 によって $\mathrm{Sh}(W) = \mathrm{Sh}(S^1)$. 特に $\check{\mathrm{H}}^1(W : \mathbb{Z}) \cong \mathbb{Z}$. これは例 1.1 で述べた問題に対する一つの解答である。

◆ **例 4.30**　例 1.2 の n 次元ハワイアンイヤリング $\mathbb{H}_n$ は次の射影系の極限である：

$$S^n \xleftarrow{\ r_1\ } S^n \vee S^n \xleftarrow{\quad} \cdots \xleftarrow{\quad} \vee_k S^n \xleftarrow{\ r_k\ } \vee_{k+1} S^n \xleftarrow{\quad} \cdots$$

ここで $\bigvee_k S^n$ は k 個の n 次元球面の 1 点和，$r_k : \bigvee_{k+1} S^n \to \bigvee_k S^n$ は自然なレトラクション。よって $\check{\mathrm{H}}^n(\mathbb{H}_n : \mathbb{Z})$ は $\mathbb{Z}$ の可算直和と同型，$\check{\mathrm{H}}^q(\mathbb{H}_n : \mathbb{Z}) = 0, q \neq 0, n$ である。特に $\mathbb{H}_n$ はどんなコンパクト多面体ともシェイプ同値ではない。コンパクト多面体の Čech コホモロジーはその特異コホモロジーと同型で，したがって有限生成でなければならないからである。4.4 節も参照。

　$\mathbb{H}_1$ 上の錐 $C(\mathbb{H}_1)$ は可縮だから cell-like である。一般にコンパクトハウスドルフハウスドルフ空間 X, Y が cell-like ならば，その一点和 $X \vee Y$ も cell-like であることが知られている（例えば [90]）。よって $\mathrm{Sh}(C(\mathbb{H}_1) \vee C(\mathbb{H}_1)) = 0$. これは例 1.2 におけるもう一つの問いに対する解答である。$C(\mathbb{H}_1) \vee C(\mathbb{H}_1)$ は，cell-like だが可縮でない局所連結コンパクト距離空間の例である。

　平面 $\mathbb{R}^2$ のコンパクト連結部分集合のシェイプ型は 1 点集合，S^1 の有限個の 1 点和 $\bigvee_k S^1$，あるいは $\mathbb{H}_1$ のいずれかと等しいことが知られている（[88]）。$\mathbb{R}^n (n \geq 3)$ に対する対応する結果は知られていない。

◆ **例 4.31**　例 3.23 にあるように p 進ソレノイド Σ_p は次の射影系の極限である：

$$S^1 \xleftarrow{\ f_p\ } S^1 \xleftarrow{\ f_p\ } \cdots \xleftarrow{\ f_p\ } S^1 \xleftarrow{\ f_p\ } S^1 \xleftarrow{\quad} \cdots$$

ここで f_p は p 重被覆写像。同型 $\check{\mathrm{H}}^1(\Sigma_p : \mathbb{Z}) \cong \{ \frac{m}{p^k} \mid m, k \in \mathbb{Z}, k \geq 0 \}$ を示すことができる。例 4.30 の様に，Σ_p がどんなコンパクト多面体ともシェイプ同値でないことを示すことができる。

◆ **定義 4.32**　連続写像 $f : X \to Y$ の導くシェイプ射 $X \to Y$ が Sh 圏における同型であるとき，f をシェイプ同値写像という。

次の定理もよく用いられる。[48], [88] 参照。

◇ **定理 4.33** コンパクトハウスドルフ空間の間の連続写像 $f: X \to Y$ に対して以下は同値である。

(1) $f: X \to Y$ がシェイプ同値写像である。

(2) 任意の ANR P に対して，誘導写像 $f^\sharp: [Y, P] \to [X, P]$ (1.2 節) は全単射である。

4.3 Cell-like 写像

本節では [88], [124, Chap. 7], [112, Chap. 7] などに従って，cell-like 写像に関する基本的な事柄について述べる。次の命題は前節の結果およびホモトピー拡張定理 4.9 を組み合わせて証明される。ここでは省略する。

◇ **命題 4.34** コンパクトハウスドルフ空間 X に対して以下は同値である。

(1) X は cell-like 集合である：$\mathrm{Sh}(X) = 0$.

(2) 任意の HPol-expansion $\mathbf{p}: X \to \mathbf{X} = (X_\lambda, p_{\lambda\mu}; \Lambda)$ が次を満たす：任意の λ に対して $\mu \geq \lambda$ が存在して $p_{\lambda\mu}: X_\mu \to X_\lambda$ は零ホモトピックである：$p_{\lambda\mu} \simeq 0$.

(3) 任意の ANR 空間 P への任意の連続写像 $f: X \to P$ は零ホモトピックである。

(4) 更に X が距離空間で ANR 空間 M の部分集合であるとき，(1)–(3) は以下のいずれとも同値である。

(4.1) X の任意の開近傍 U に対して，開近傍 $V \subset U$ で包含写像 $V \hookrightarrow U$ が零ホモトピックであるものが存在する。

(4.2) X の任意の開近傍 U に対して包含写像 $X \hookrightarrow U$ は零ホモトピックである。

コンパクト cell-like 空間は Čech コホモロジーに対して**非輪状**，即ち任意のアーベル群 G に対して $\tilde{\mathrm{H}}^*(X; G) = 0$ である。ここで $\tilde{\mathrm{H}}^*(X; G)$ は X の簡約 Čech コホモロジー群を表す。

◆**定義 4.35** コンパクト距離空間の連続全射 $f : X \to Y$ が **cell-like** 写像であるとは, 任意の $y \in Y$ に対して $f^{-1}(y)$ が cell-like 集合であることである.

　Cell-like 写像は第 5–6 章において中心的な役割を果たす. 以下 ANR 空間の間の cell-like 写像は「コントロール付き」ホモトピー同値写像であることを示そう.

◆**定義 4.36** $f : X \to Y$ を位相空間 X, Y の間の連続写像とする. 任意の Y の開被覆 $\mathcal{U}$ に対して $g_{\mathcal{U}} : Y \to X$ が

$$f \circ g \simeq_{\mathcal{U}} \mathrm{id}_Y, \quad g \circ f \simeq_{f^{-1}\mathcal{U}} \mathrm{id}_X$$

を満たすよう存在するとき, f を **fine homotopy equivalence** という.

◇**定理 4.37 (Haver)** $f : X \to Y$ を ANR 空間 X, Y の間の perfect 写像, 即ち連続閉全射で各ファイバーがコンパクトである写像とする. 以下の 2 条件は同値である.

(1) f が cell-like 写像である.

(2) f が fine homotopy equivalence である.

　証明の主要な部分は次の「近似ホモトピー持ち上げ定理」である. 以下の証明は [124, Chap.7, Sec.1] に従う. 簡単のため単体的複体とそれが定める多面体を同じ記号で表す.

◇**定理 4.38** $f : X \to Y$ を ANR 空間 X から距離空間 Y への perfect な cell-like 写像とする. 有限次元多面体 K, その部分多面体 L と, 写像対 $(G : K \to Y, g : L \to X)$ が $f \circ g = G|L$ を満たすとする. このとき任意の Y の開被覆 $\mathcal{U}$ に対して, $\tilde{G} : K \to X$ が

$$\tilde{G}|L = g, \quad f \circ \tilde{G} =_{\mathcal{U}} G$$

を満たすように存在する.

証明 簡単のため X, Y はコンパクト，K はコンパクト多面体と仮定する。$\dim K = n$ として，Y の開被覆の列 $\mathcal{U}_n, \mathcal{U}_{n-1}, \ldots, \mathcal{U}_0$ を，

$$\mathcal{U}_n = \mathcal{U}, \ \mathcal{U}_i \succeq \mathrm{St}\mathcal{U}_{i-1}, \ \ i = n, n-1, \ldots, 1,$$

かつ以下が満たされるようにとる（命題 4.34）：

(a) 任意の $U \in \mathcal{U}_i$ に対して $V \in \mathcal{U}_{i+1}$ が，$\mathrm{st}(U; \mathcal{U}_i) \subset V$ かつ，包含写像 $f^{-1}(\mathrm{st}(U; \mathcal{U}_i)) \hookrightarrow f^{-1}(V)$ が零ホモトピックであるように存在する。

K の単体分割を細かくとって，任意の K の単体 σ に対して $G(\sigma) \subset U_\sigma$ を満たす $U_\sigma \in \mathcal{U}_0$ が存在するようにする。$\bar{K}^{(i)} = K^{(i)} \cup L$ とおいて帰納的に $\tilde{G}_i : \bar{K}^{(i)} \to X$ を以下のように構成しよう：

(b) $\tilde{G}_0|L = g, \ \tilde{G}_{i+1}|\bar{K}^i = \tilde{G}_i$,

(c) 任意の i 単体 σ に対して，$G(\sigma) \cup f(\tilde{G}_i(\sigma)) \subset U_\sigma$ を満たす $U_\sigma \in \mathcal{U}_i$ が存在する。

上のような G_i $(i = 0, \ldots, n)$ が得られたら，$\bar{K}^{(n)} = K, \mathcal{U} = \mathcal{U}_n$ だから，$\tilde{G} := \tilde{G}_n$ とおけばこれが求める持ち上げである。

T の頂点 $v \in T^{(0)} \setminus L$ に対して $\tilde{G}_0(v)$ を $f^{-1}(G(v))$ の任意の点として $\tilde{G}_0 : \bar{K}^{(0)} \to X$ を定める。$\tilde{G}_i : \bar{K}^{(i)} \to X$ が (b), (c) を満たすように構成されたとして，$(i+1)$ 単体 $\sigma \in K^{(i+1)} \setminus L$ をとる。$G(\sigma) \subset U_i$ を満たす $U_i \in \mathcal{U}_i$ をとり，$U_{i+1} \in \mathcal{U}_{i+1}$ を (a) を満たすようにとる。$\partial\sigma$ の任意の面 τ に対して，$G(\tau) \cup f(\tilde{G}_i(\tau)) \subset U_\tau \in \mathcal{U}_i$ なる U_τ をとると，U_τ は U_i と交わるから，$U_\tau \in \mathrm{St}(U_i, \mathcal{U}_i)$. したがって $G(\sigma) \cup f(\tilde{G}_i(\partial\sigma)) \subset \mathrm{st}(U_i, \mathcal{U}_i) \subset U_{i+1}$ が成りたつ。

$$\tilde{G}_i|\partial\sigma : \partial\sigma \to f^{-1}(\mathrm{st}(U_i, \mathcal{U}_i)) \hookrightarrow f^{-1}(U_{i+1})$$

に対して U_{i+1} の取り方より，$\tilde{G}_i|\partial\sigma \simeq 0$. したがって $\tilde{G}_\sigma : \sigma \to f^{-1}(U_{i+1})$ を $\tilde{G}_i|\partial\sigma$ の拡張で $G(\sigma) \cup f(\tilde{G}_\sigma(\sigma)) \subset U_{i+1}$ を満たすようにとれる．$K \setminus L$ の各 $(i+1)$ 単体について上を繰り返して $\tilde{G}_{i+1} : \bar{K}^{(i+1)} \to X$ が得られる．以上で帰納法のステップが終わり，よって定理が証明できた． □

第 5–6 章で参照するため，定理 4.38 の帰結を一つ述べる．証明は省略する．

◇ **命題 4.39** $f : X \to Y$ を ANR 空間 X から距離空間 Y への perfect な cell-like 写像とする．このとき Y は LC^∞ 空間である．

✔ **注意 4.40** Y は ANR であるとは限らない．5.4 節参照．

$f : X \to Y$ を距離空間 Y への写像，d を Y 上の距離とする．$u, v : M \to X$ と $\varepsilon > 0$ に対し，u と v の間のホモトピー $H : M \times [0,1] \to X$ で，任意の $p \in M$ に対して $\mathrm{diam}_d(fH(\{p\} \times [0,1])) < \varepsilon$ を満たすものが存在するとき，$u \simeq_{f^{-1}(\varepsilon)} v$ と表す．H を $f^{-1}(\varepsilon)$-ホモトピーという（標準的な用語法ではない）．

定理 4.37 の証明（[124, Chap.7, Sec.1, Theorem 7.16] による）　簡単のため X, Y をコンパクトと仮定し，開被覆による評価を距離のそれに置き換えて証明する．一般の場合の証明は [76] または [112, Chap. 7, Sec.5, Theorem 7.5.4] 参照．

まず $f : X \to Y$ が fine homotopy equivalence と仮定する．$y \in Y$ に対して $f^{-1}(y)$ の開近傍 V を任意にとり，$\delta > 0$ を $f^{-1}(N(y,\delta)) \subset V$ を満たすようにとる．仮定から $g : Y \to X$ を $f \circ g \simeq_\delta \mathrm{id}_Y$, $g \circ f \simeq_{f^{-1}(\delta)} \mathrm{id}_X$ を満たす g が存在する．$f^{-1}(\delta)$-ホモトピー $H : X \times [0,1] \to X$, $H_0 = \mathrm{id}_X$, $H_1 = g \circ f$ をとると，$x \in f^{-1}(y)$ に対して $H(\{x\} \times [0,1]) \subset f^{-1}(N(y,\delta)) \subset V$. よって H の制限 $H| : f^{-1}(y) \times [0,1] \to V$ は包含写像 $f^{-1}(y) \hookrightarrow V$ と $g(y)$ への定値写像 $c_{g(y)}$ と間のホモトピーを与える．命題 4.34 から f は cell-like 写像である．

逆に f が cell-like 写像と仮定して $\varepsilon > 0$ を任意にとる．Y が ANR だから $\delta_1 > 0$ を $\delta_1 < \varepsilon/4$ かつ

$$u, v : S \to Y, u =_{\delta_1} v \text{ ならば } u \simeq_{\varepsilon/4} v \tag{4.5}$$

を満たすように存在する (定理 4.4)。定理 4.12 および注意 4.13 から，コンパクト多面体 K と $\pi : Y \to K$, $\alpha : K \to Y$ を $\alpha \circ \pi \simeq_{\varepsilon/4} \mathrm{id}_Y$ を満たすようにとれる。定理 4.38 を用いて，$\tilde{\alpha} : K \to X$ を $f \circ \tilde{\alpha} =_{\delta_1} \alpha$ を満たすようにとり，$g := \tilde{\alpha} \circ \pi : Y \to X$ とおく。以下 g が求めるホモトピー逆写像であることを示す。

まず $f \circ g =_{\delta_1} \alpha \circ \pi \simeq_{\varepsilon/4} \mathrm{id}_Y$ だから $f \circ g \simeq_{\varepsilon/2} \mathrm{id}_Y$ が成り立つ。$g \circ f \simeq_{f^{-1}(\varepsilon)} \mathrm{id}_X$ を示すため，$\varepsilon/2$-ホモトピー $h : Y \times [0,1] \to Y$ を $h_0 = \mathrm{id}_Y$, $h_1 = f \circ g$ と選ぶ。$\delta_2 > 0$ を

$$x_1, x_2 \in X, x_1 =_{\delta_2} x_2 \text{ ならば}$$
$$f(x_1) =_{\varepsilon/4} f(x_2) \text{ かつ } fgf(x_1) =_{\varepsilon/4} fgf(x_2) \tag{4.6}$$

を満たすようにとる。定理 4.12 と注意 4.13 を X に対して適用し，コンパクト多面体 L と $\rho : X \to L$, $\beta : L \to X$ を $\beta \circ \rho \simeq_{\delta_2} \mathrm{id}_X$ を満たすようにとる。ホモトピー $F : L \times [0,1] \to Y$ を $F_t = h_t \circ f \circ \beta$ $(t \in [0,1])$ とおけば F は $\varepsilon/3$-ホモトピーで，$F_0 = f \circ \beta$, $F_1 = f \circ g \circ f \circ \beta$ が成り立つ。$F : L \times [0,1] \to Y$ と $\beta \cup (g \circ f \circ \beta) : L \times \{0,1\} \to X$ に対して定理 4.38 を適用すれば

$$\beta \simeq_{f^{-1}(\varepsilon/2)} g \circ f \circ \beta$$

が得られる。(4.5), (4.6) と上を併せて

$$\mathrm{id}_X \simeq_{f^{-1}(\varepsilon/4)} \beta \circ \rho \simeq_{f^{-1}(\varepsilon/2)} g \circ f \circ \beta \circ \rho \simeq_{f^{-1}(\varepsilon/4)} g \circ f$$

から，$g \circ f \simeq_{f^{-1}(\varepsilon)} \mathrm{id}_X$ が得られる。　　□

◇ **系 4.41**　コンパクト ANR の間の写像 $f : X \to Y$ が near-homeomorphism (定義 2.11) であるとする。このとき f は cell-like 写像である。

証明　コンパクト ANR 空間の間の near-homeomorphism は fine homotopy equivalence であることに注意すればよい。　　□

以下の定理も cell-like 写像およびその類似の写像の研究において基本的な役割を果たす。

◇ **定理 4.42（Vietoris-Begle の定理）**　G をアーベル群，$n \geq 1$ とする。$f : X \to Y$ をコンパクト距離空間の間の連続全射で

$$\check{\tilde{H}}^q(f^{-1}(y); G) = 0, \quad y \in Y, \ q < n$$

を満たすとする。このとき誘導準同型 $f^* : \check{H}^q(Y; G) \to \check{H}^q(X; G)$ は $q < n$ なら同型，$q = n$ なら単射である。さらに $i_y : f^{-1}(y) \hookrightarrow X$ を包含写像とするとき，

$$\mathrm{Im}(f^* : \check{H}^n(Y : G) \to \check{H}^n(X : G)) = \bigcap_{y \in Y} \mathrm{Ker}\, i_y^*$$

が成り立つ。

定理 4.37 で X, Y が ANR でないときは次が成立する。

◇ **定理 4.43（Cell-like 写像定理）**　$f : X \to Y$ をコンパクト距離空間の間の cell-like 写像とする。$\dim X, \dim Y < \infty$ なら f は shape 同値写像である。

以下の例 4.44 から，定理 4.43 において仮定「$\dim X, \dim Y < \infty$」を落とすことができないことがわかる。

◆ **例 4.44（Taylor の例）**（[119], [111]）　trivial shape を持たないコンパクト距離空間 X と cell-like 写像 $f : X \to I^\infty$ が存在する。

Taylor の例はホモトピー論における深い定理 [1] を用いて構成された。Vietoris-Begle の定理 4.42 の一つの証明は層係数コホモロジーの一意性を用いるものである（例えば [19], [114]）。Dydak-Kozlowski は double mapping cylinder trick と呼ばれる幾何学的方法によって定理 4.42, 4.43 を証明した（[46] 参照）。

4.4　局所連結コンパクト距離空間の基本群・特異（コ）ホモロジー

4.2 節では，コンパクト距離空間を近似する多面体および連続写像系のホモトピー型を用いた不変量の構成法について述べた。一方で基本群や特異（コ）ホモロジー群は野性的空間に対しても（多面体近似を経由せず直接に）考えることが

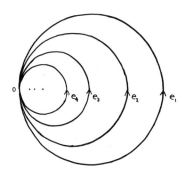

図 **4.1** ハワイアンイヤリング上のループ

できる。例 1.1 で述べた不都合を避けるためには，考えている空間が単位区間
からの連続写像を豊富に含むことが望ましい。このような観点から局所連結か
つ連結なコンパクト距離空間（ペアノ連続体と呼ばれる）の基本群・特異（コ）
ホモロジー群が調べられている（Warsaw circle, topological $\sin(\frac{1}{x})$-curve は
局所連結でないことに注意）。本節ではこれらについてごく簡単に触れる。

最も基本的な役割を果たすのはハワイアンイヤリング $\mathbb{H} := \mathbb{H}_1$（例 1.2）で
ある。$\mathbb{H}$ の各円周 $e_1, e_2, \ldots$ に図 4.1 のような向きを入れた，0 を基点とする
ループを $\epsilon_1, \epsilon_2, \ldots$ としよう：$\epsilon_i : [0, 1] \to \mathbb{H}, \epsilon_i(0) = \epsilon_i(1) = 0$. ループ ϵ_i の
表す基本群の元を $[\epsilon_i]$ とおく。

連続写像 $f : [0, 1] \to \mathbb{H}$ を以下の様に定義する：

$$f(t) = \epsilon_i \left(n(n+1) \left(t - \frac{1}{n+1} \right) \right), \ \frac{1}{n+1} \le t \le \frac{1}{n}, \ n = 1, 2, \ldots,$$

$$f(0) = 0.$$

f は 0 を基点とする連続なループだから基本群 $\pi_1(\mathbb{H})$ の元 $[f]$ を表す。$[f]$ は
$[\epsilon_1], [\epsilon_2], \ldots$ たちの**有限列**によってあらわすことができない。このような元は
いくらでも作れるから，$\pi_1(\mathbb{H}, 0)$ は $\{[\epsilon_i]\}$ の生成する可算階数の自由群よりも
はるかに大きいことがわかる。

このように $\pi_1(\mathbb{H}, 0)$ の基本群を調べるためには「無限の長さを持つ語」を取

り扱う代数的な枠組みが必要である。江田勝哉 [52] は free-σ product の概念を定義してそのような代数的理論を展開した（[26] も参照）。江田は 1 次元ペアノ連続体の基本群を詳細に調べて，例えば次の定理 4.45 を証明した。任意の 1 次元ペアノ連続体 X は **aspherical**（即ち $\pi_i(X) = 0$ $(i \geq 2)$ が成り立つ）であり（[32]），またそのシェイプ型は 1 点，有限個の円周の 1 点和 $\bigvee_k S^1$ あるいは $\mathbb{H}$ のいずれかと等しい（Trybulec 1973）。

◇ **定理 4.45** [53]　X, Y を 1 次元ペアノ連続体とする。X と Y がホモトピー同値であるための必要十分条件は，それらの基本群 $\pi_1(X)$ と $\pi_1(Y)$ が同型であることである。更に任意の準同型 $h : \pi_1(X) \to \pi_1(Y)$ は，連続写像の誘導する準同型と基点の取り換えから誘導される同型写像の合成写像として表わせる。

　一方で 1 次元ペアノ連続体の特異ホモロジー群は 0，有限階数の自由アーベル群，あるいは $\mathrm{H}_1(\mathbb{H})$ のいずれかと同型である（[54]）。$\mathrm{H}_1(\mathbb{H})$ の計算は [55] で行われている。

　高次元のハワイアンイヤリング $\mathbb{H}_n (n \geq 2)$ について知られている結果は多くない。Baratt-Milnor [7] は $\mathbb{H}_n$ $(n \geq 2)$ の特異ホモロジー群は n より大きい無限個の次元で消えないことを示した（例 1.2）。n 次元ハワイアンイヤリング $(n \geq 2)$ の n 次のホモトピー群（$\cong n$ 次元特異ホモロジー群）は計算されている [56]。

5

コホモロジー次元と
Cell-like 写像

コンパクトハウスドルフ空間 X の被覆次元が n 以下ならば，任意の $k > n$ と任意のアーベル群 G に対して Čech コホモロジー $\check{H}^k(X : G)$ は 0 である（定理 3.19 の帰結）。このことは空間の次元を Čech コホモロジー群を用いて代数的に取り扱う可能性を示唆する。実際第 3 章で述べたように，積空間の次元定理は Čech コホモロジー群を考察することでよりよく理解することができる。Čech コホモロジーによる次元論は P.S. Alexandorff, B.F. Bockstein, V.G. Boltyanskij, 児玉之宏，V.I. Kuzminov 等によってその基礎理論が整備された。1970 年代後半 Edwards-Walsh により，cell-like 写像を通して位相多様体の特徴づけ問題（第 6 章）との関係が見い出されて ([125])，再び関心を集めるようになった。1980 年代後半から 90 年代初めにかけて，A.N. Dranishnikov は cell-like 写像問題の否定的解決を初めとする結果を次々と得て，当時の主要な未解決問題の多くを解決した。これに続く J. Dydak, J. Walsh, M. Levin, L. Rubin, 小山晃・横井勝弥等によって，コンパクト距離空間のコホモロジー次元論が整備され，さらに extension dimension の理論へと発展した。

この章では [42], [45] に従って，コンパクト距離空間に対するコホモロジー次元のごく基本的な事柄および Edwards-Walsh の定理について説明する。以下 $K(G, n)$ で (G, n) 型の Eilenberg-MacLane 複体を表す：$\pi_n(K(G, n)) \cong G, \pi_i(K(G, n)) = 0 \ (\forall i \neq n)$. $\check{H}^*(X, A; G)$ によって，コンパクトハウスドルフ空間対 (X, A) の G 係数 Čech コホモロジーを表す。$\check{H}^*(X, A) = \check{H}^*(X, A; \mathbb{Z})$ とする。第 4 章で述べたように自然同型 $\check{H}^*(X; G) \cong [X, K(G, n)]$ が存在す

る。アーベル群 G, H に対して $G \otimes H, \mathrm{Tor}(G, H)$ で，それぞれ G と H の $\mathbb{Z}$ 加群としてのテンソル積，ねじれ積を表す ([75], [74])。

次の定理は特異コホモロジーについての対応する定理と定理 2.22，および帰納極限が完全列を保つことから得られる。[114] には Alexander-Spanier コホモロジーに関して証明が述べられている。

◇ **定理 5.1（普遍係数定理・Künneth の公式）** $(X, A), (Y, B)$ はコンパクトハウスドルフ空間とその閉集合のなす空間対とする。アーベル群 G, H に対して，以下の分裂する完全列（ただし分裂は自然性を持たない）が存在する。

$$0 \longrightarrow \check{\mathrm{H}}^q(X, A) \otimes G \longrightarrow \check{\mathrm{H}}^q(X, A; G) \longrightarrow \mathrm{Tor}(\check{\mathrm{H}}^{q+1}(X, A), G) \longrightarrow 0$$

$$0 \longrightarrow \bigoplus_{i+j=q} \check{\mathrm{H}}^i(X, A; G) \otimes \check{\mathrm{H}}^j(Y, B; H) \longrightarrow \check{\mathrm{H}}^q((X, A) \times (Y, B); G \otimes H)$$

$$\longrightarrow \bigoplus_{i+j=q+1} \mathrm{Tor}(\check{\mathrm{H}}^i(X, A; G), \check{\mathrm{H}}^j(Y, B; H)) \longrightarrow 0$$

5.1　定義と基本性質

◆ **定義 5.2**　コンパクト空間 X とアーベル群 G に対して

$$\dim_G X := \min\{n \mid X \text{ の任意の閉集合 } A \text{ に対して,} \check{\mathrm{H}}^{n+1}(X, A; G) = 0\}$$

を X の G に関する**コホモロジー次元**と呼ぶ。上の { } の条件を満たす n が存在しないときは $\dim_G X = \infty$ とする。

次の定理は被覆次元に関する定理 3.12 に対応する。位相空間 X, M に対して「$M \in \mathrm{AE}(X)$」とは X の任意の閉集合 A からの連続写像 $A \to M$ が常に連続拡張 $X \to M$ を持つことを意味していた（定義 3.10）。

◇ **定理 5.3**　コンパクト距離空間 X と整数 $n \geq 0$ に対して以下の 4 条件は同値である。

$(1)_n$　$\dim_G X \leq n$.

$(2)_n$　X の任意の閉集合 A に対して, $\check{\mathrm{H}}^{n+1}(X, A : G) = 0$.

$(3)_n$　X の任意の閉集合 A に対して包含写像が誘導する準同型 $\check{\mathrm{H}}^n(X : G) \to \check{\mathrm{H}}^n(A : G)$ は全射.

$(4)_n$　$K(G, n) \in \mathrm{AE}(X)$.

まず以下の補題を証明する.

◇ **補題 5.4** ([112, Chap.7, Lemma 7.9.2] 参照)　X をコンパクト距離空間, G をアーベル群, $n \geq 1$ とする. $K(G, n) \in \mathrm{AE}(X)$ ならば, X の任意の閉集合 A に対して $[A, K(G, n+1)] = *$ であり, 特に $K(G, n+1) \in \mathrm{AE}(X)$ が成り立つ.

証明　K を $K(G, n+1)$ 型の単体的複体とする. K の基点 $*$ を固定して path ファイブレーション

$$p : P = \{\omega : [0,1] \to K \mid \omega(0) = *\} \to K, \quad p(\omega) = \omega(1)$$

を考える. p は Hurewicz ファイブレーションである, つまり被覆ホモトピー性質を持つ (例えば [74], [75] 参照). また P は可縮である.

任意の $\sigma \in K$ に対して $p^{-1}(\sigma) \in \mathrm{AE}(X)$ が成り立つ:実際 $p^{-1}(\sigma) \simeq p^{-1}(*) = \Omega K = K(G, n) \in \mathrm{AE}(X)$ である. また定理 4.11 から

$$p^{-1}(\sigma) = \{\omega : [0,1] \to K \mid \omega(0) = *, \omega(1) \in \sigma\}$$

は ANR 空間である. $f : A \to p^{-1}(\sigma)$ を X の閉集合 A 上の連続写像として, $p^{-1}(\sigma) \simeq \Omega K$ と $K(G, n) \in \mathrm{AE}(X)$ を用いれば, $F : X \to p^{-1}(\sigma)$ で $F|A \simeq f$ を満たすものがとれる. $p^{-1}(\sigma)$ が ANR 空間だから, 定理 4.9 から f 自身が拡張を持つ.

補題を証明するため, $f : A \to K = K(G, n+1)$ を X の閉集合 A 上で定義された連続写像とする. 以下 $\tilde{f} : A \to P$ で $p \circ \tilde{f} = f$ を満たすものを構成する. このような $\tilde{f}$ が構成されれば, P は可縮だから $\tilde{f} \simeq 0$, よって $f \simeq 0$. このことと定理 4.9 によって $K(G, n+1) \in \mathrm{AE}(X)$ がわかる.

$i \geq 0$ に対して $A^{(i)} = f^{-1}(K^{(i)})$ とおいて, i についての帰納法で $\tilde{f}_i : A^{(i)} \to P$ を

$$\tilde{f}_i(f^{-1}(\sigma)) \subset p^{-1}(\sigma), \quad \sigma \in K$$

が成り立つように構成する。$v \in K^{(0)}$ に対して $w_v \in p^{-1}(v)$ を任意にとって固定し，$\tilde{f}_0 : A^{(0)} \to P$ を $\tilde{f}_0|f^{-1}(v) \equiv w_v$ と定める。$\tilde{f}_i : A^{(i)} \to P$ が構成されたとして，$(i+1)$ 単体 $\sigma \in K$ をとろう。$\tilde{f}_i(\partial\sigma) \subset p^{-1}(\partial\sigma) \subset p^{-1}(\sigma)$ だから，$p^{-1}(\sigma) \in \mathrm{AE}(X)$ から $\tilde{f}_i|f^{-1}(\partial\sigma)$ は連続写像 $X \to p^{-1}(\sigma)$ に拡張される。得られた拡張を $f^{-1}(\sigma)$ に制限したものを $\tilde{f}_{i,\sigma} : f^{-1}(\sigma) \to p^{-1}(\sigma)$ とおき，$\tilde{f}_i = \bigcup_{\sigma:(i+1) \text{ 単体}} \tilde{f}_{i,\sigma} : A^{(i+1)} \to P$ とおけば，$\tilde{f}_i$ が求めるものである。

以上で帰納法のステップが終わり，補題が証明された。 $\square$

定理 5.3 の証明　$(2)_n \Rightarrow (3)_n$ は (X, A) に関するコホモロジー長完全列から得られる。コンパクト距離空間 Z に対する自然同型 $\check{H}^n(Z : G) \cong [Z, K(G, n)]$ と定理 4.9 から $(3)_n \Leftrightarrow (4)_n$ が得られる。$(4)_n (\Leftrightarrow (3)_n)$ を仮定して上の補題を用いれば $\check{H}^{n+1}(X : G) = 0$ が得られるから，コホモロジー長完全列から $(2)_n$ が得られる。以上で任意の n に対して $(2)_n \Leftrightarrow (3)_n \Leftrightarrow (4)_n$ がわかった。さらに上の補題から，$m \leq n$ のとき $(4)_m \Rightarrow (4)_n$ が得られる。

$(2)_n \Rightarrow (1)_n$ は定義からの直接の帰結である。$(1)_n$ を仮定して $\dim_G X = m \leq n$ とすると $(1)_n \Rightarrow (1)_m \Rightarrow (2)_m \Leftrightarrow (4)_m \Rightarrow (4)_n \Leftrightarrow (2)_n$ より $(1)_n \Rightarrow (2)_n$ が得られ，定理が証明された。 $\square$

◇ **定理 5.5**　コンパクト距離空間 X の被覆次元 $\dim X$ と，アーベル群 $G \neq 0$ に関するコホモロジー次元 $\dim_G X$ に対して以下が成り立つ。

(1)　X の任意の閉集合 A に対して，$\dim_G A \leq \dim_G X$.

(2)　$\dim X = 0 \Leftrightarrow \dim_G X = 0$.

(3)　$\dim_G X \leq \dim_{\mathbb{Z}} X \leq \dim X$.

(4)　$\dim_{\mathbb{Z}} X = 1 \Leftrightarrow \dim X = 1$.

(5)　任意のコンパクト多面体 P に対して，$\dim_G P = \dim P$.

証明　(1) は定理 5.3 からの帰結である。

(2) $\dim X = 0$ ならば $\dim_G X = 0$ であることは定義から直接にわかる。$\dim_G X = 0$ ならば非連結空間 $K(G, 0)$ が $\mathrm{AE}(X)$ だから X は非連結である。(1) と合わせて X は完全不連結であることがわかるから，定理 3.7 から $\dim X = 0$.

(3) $\dim X = n < \infty$ なら任意の $N > n$ と任意の閉集合 A に対して $\check{H}^N(X, A : G) = 0$ であることは，定理 3.19 と Čech コホモロジーの連続性から得られる。このことから $\dim_G X \leq \dim X$ が成り立つ。初めの不等式は定理 5.1 と定理 5.3 から得られる。

(4) $K(\mathbb{Z}, 1)$ として円周 S^1 が取れることと，定理 3.12，定理 5.3 を使えばよい。

(5) $\dim_G P \leq \dim P$ は (3) と定理 3.16 による。$n = \dim P$ とおく。P の任意の n 次元単体 σ に対して，$\check{H}^n(\sigma, \partial\sigma; G) \neq 0$ だから，$\dim_G \sigma \geq n$. (1) と合わせて等号が得られる。 $\square$

◇ **定理 5.6（Alexandroff）** X はコンパクト距離空間とする。もし $\dim X < \infty$ なら，$\dim_{\mathbb{Z}} X = \dim X$ が成り立つ。

証明 $\dim X = n < \infty$ とする。定理 5.5 から $\dim_{\mathbb{Z}} X \leq n$ である。$\dim_{\mathbb{Z}} X < n$ と仮定しよう。$K(\mathbb{Z}, n-1)$ 型 CW 複体 K を，S^{n-1} に $(n+1)$ 次元以上の胞体を貼り付けて得られたものとする：

$$K^{(n-1)} = S^{n-1}, \quad K = S^{n-1} \cup \bigcup_{i \geq n+1} e_\alpha^i.$$

特に $K^{(n-1)} = K^{(n)} = S^{n-1}$ が成り立つ。X の任意の閉集合 A とその上の連続写像 $f : A \to S^{n-1}$ に対して，$f : A \to S^{n-1} \hookrightarrow K$ とみなして仮定を適用すると f の拡張 $\bar{f} : X \to K$ が存在する。$\dim X = n$ だから定理 3.19，定理 2.24 および胞体近似定理を用いれば，$g : X \to K$ を

$$g \simeq \bar{f} \,\mathrm{rel}.A, \quad g(X) \subset K^{(n)} = K^{(n-1)} = S^{n-1}$$

を満たすようにとれる。このとき g は f の拡張であるから，定理 3.12 から $\dim X \leq n-1$ が得られて，初めの仮定に矛盾する。 $\square$

　上の定理において有限次元性の仮定を落とせるかどうかは長年の懸案であった。現在は否定的に解決されている（5.3 節参照）。

5.2   Bockstein の不等式と Bockstein 系

様々な係数群に関するコホモロジー次元を比較するため，次の Bockstein 完全列を用いる。

◇ **定理 5.7**（[74], [114] 参照） コンパクト距離空間 X とアーベル群の完全列

$$0 \longrightarrow G_1 \longrightarrow G_2 \longrightarrow G_3 \longrightarrow 0$$

に対して以下の長完全列が存在する：

$$\cdots \longrightarrow \check{H}^n(X; G_1) \longrightarrow \check{H}^n(X; G_2) \longrightarrow \check{H}^n(X; G_3) \longrightarrow \check{H}^{n+1}(X; G_1) \longrightarrow \cdots$$

上の完全列と定理 5.3 より以下の不等式が得られる。

◇ **定理 5.8** コンパクト距離空間 X とアーベル群の完全列

$$0 \longrightarrow G_1 \longrightarrow G_2 \longrightarrow G_3 \longrightarrow 0$$

に対して次が成り立つ。

(1) $\dim_{G_2} X \leq \max(\dim_{G_1} X, \dim_{G_3} X)$,

(2) $\dim_{G_1} X \leq \max(\dim_{G_2} X, \dim_{G_3} X + 1)$,

(3) $\dim_{G_3} X \leq \max(\dim_{G_2} X, \dim_{G_1} X - 1)$.

◆ **定義 5.9** 素数 p に対して以下のアーベル群を考える：

(1) $\mathbb{Z}/p$：p 次巡回群。

(2)   Prüfer p 群：

$$\mathbb{Z}/p^\infty = \varinjlim(\mathbb{Z}/p \to \mathbb{Z}/p^2 \to \cdots \to \mathbb{Z}/p^n \to \mathbb{Z}/p^{n+1} \to \cdots)$$

ただし $\mathbb{Z}/p^n \to \mathbb{Z}/p^{n+1}$ は $\times p : \mathbb{Z} \to \mathbb{Z}$ が誘導する準同型である。

(3) $\mathbb{Z}$ の p における局所化：

$$\mathbb{Z}_{(p)} = \left\{ \frac{n}{m} \ \middle| \ m \in \mathbb{Z} \setminus \{0\}, (p, m) = 1, \ n \in \mathbb{Z} \right\}.$$

アーベル群 G の元で，位数が素数 p の冪である元からなる部分群を $p\text{-Tor}G$ と表す．G が **p-可除的**とは $G = pG$ が成り立つこと，G が**可除的**とは任意の素数 p に対して G が p-可除的であることである．次の定理の証明については例えば [63] 参照．

◇ **定理 5.10** G をアーベル群とする．

(1) G がねじれを持たない可除群なら，G は有理数 $\mathbb{Q}$ の直和と同型である．

(2) $G = p\text{-Tor}G$ かつ G が p-可除的なら，G は $\mathbb{Z}/p^\infty$ のいくつかの直和と同型である．

さて以下の完全列が存在する:

$$(1) \qquad 0 \longrightarrow \mathbb{Z}/p^k \xrightarrow{\times p} \mathbb{Z}/p^{k+1} \longrightarrow \mathbb{Z}/p \longrightarrow 0$$

$$(2) \qquad 0 \longrightarrow \mathbb{Z}/p \longrightarrow \mathbb{Z}/p^\infty \xrightarrow{\times p} \mathbb{Z}/p^\infty \longrightarrow 0$$

$$(3) \qquad 0 \longrightarrow p \cdot \mathbb{Z}_{(p)} \lhook\joinrel\longrightarrow \mathbb{Z}_{(p)} \longrightarrow \mathbb{Z}/p \longrightarrow 0$$

$$(4) \qquad 0 \longrightarrow \mathbb{Z}_{(p)} \lhook\joinrel\longrightarrow \mathbb{Q} \longrightarrow \mathbb{Z}/p^\infty \longrightarrow 0$$

これらの完全列に対して定理 5.8 を適用すれば以下の不等式が得られる．

◇ **定理 5.11 (Bockstein 不等式)** コンパクト距離空間 X と素数 p に対して以下が成り立つ:

$$\dim_{\mathbb{Z}/p^\infty} X \le \dim_{\mathbb{Z}/p} X \le \dim_{\mathbb{Z}/p^\infty} X + 1, \tag{5.1}$$

$$\dim_{\mathbb{Q}} X \le \dim_{\mathbb{Z}_{(p)}} X, \tag{5.2}$$

$$\dim_{\mathbb{Z}/p} X \le \dim_{\mathbb{Z}_{(p)}} X, \tag{5.3}$$

$$\dim_{\mathbb{Z}/p^\infty} X \le \max(\dim_{\mathbb{Q}} X, \dim_{\mathbb{Z}_{(p)}} X - 1), \tag{5.4}$$

$$\dim_{\mathbb{Z}_{(p)}} X \le \max(\dim_{\mathbb{Q}} X, \dim_{\mathbb{Z}/p^\infty} X + 1). \tag{5.5}$$

以下の定理 5.13 が示すように，上の不等式にあらわれる群についてのコホモロジー次元から，任意のアーベル群に関するコホモロジー次元が決まる．

◆ **定義 5.12 (Bockstein 基)**　アーベル群 G に対し

$$\sigma(G) \subset \{\mathbb{Q}\} \cup \{\mathbb{Z}/p, \mathbb{Z}/p^\infty, \mathbb{Z}_{(p)} \mid p \text{ は素数}\}$$

を以下の規則によって決める:

(1)　$\mathbb{Q} \in \sigma(G) \Longleftrightarrow G/\operatorname{Tor}G \neq 0$ が可除的,

(2)　$\mathbb{Z}_{(p)} \in \sigma(G) \Longleftrightarrow p \cdot (G/\operatorname{Tor}G) \neq G/\operatorname{Tor}G$,

(3)　$\mathbb{Z}/p \in \sigma(G) \Longleftrightarrow p \cdot (p\text{-}\operatorname{Tor}G) \neq p\text{-}\operatorname{Tor}G$,

(4)　$\mathbb{Z}/p^\infty \in \sigma(G) \Longleftrightarrow p\text{-}\operatorname{Tor}G \neq 0$ かつ $p \cdot (p\text{-}\operatorname{Tor}G) = p\text{-}\operatorname{Tor}G$.

Bockstein 基の取り方は [42] に従った。

◇ **定理 5.13 (Bockstein の定理)**　コンパクト距離空間 X に対して次が成り立つ:

$$\dim_G X = \max\{\dim_H X \mid H \in \sigma(G)\}.$$

証明は [42] 参照。

◼ **例 5.14**　$\sigma(\mathbb{Z}) = \{\mathbb{Q}\} \cup \{\mathbb{Z}_{(p)} \mid p \text{ は素数}\}$. またコンパクト距離空間 X に対して，定理 5.11 から $\dim_{\mathbb{Q}} X \leq \dim_{\mathbb{Z}/(p)} X$ が成り立つから，

$$\dim_{\mathbb{Z}} X = \max\{\dim_{\mathbb{Z}_{(p)}} X \mid p \text{ は素数}\}.$$

5.3　ポントリャーギンの例

積空間のコホモロジー次元は以下の様に評価される。証明は省略する。

◇ **定理 5.15** [42, Proposition 3.4]　X, Y をコンパクト距離空間, G をアーベル群とする。

(1)　以下の不等号が成り立つ。

$$\dim_G(X \times Y) \leq \dim_G X + \dim_G Y + 1.$$

(2)　G がねじれを持たないなら，

$$\dim_G(X \times Y) \leq \dim_G X + \dim_G Y.$$

(3)　G が体なら，

$$\dim_G(X \times Y) = \dim_G X + \dim_G Y.$$

更に定理 5.15 と定理 5.6 から次の定理が得られる。

◇ **定理 5.16**　X をコンパクト距離空間，P をコンパクト多面体とすると，被覆次元について以下の等式が成り立つ。

$$\dim(X \times P) = \dim X + \dim P.$$

証明　$\dim X < \infty$ のときに証明すればよい。$\dim X = m, \dim P = n$ とおく。定理 5.6 と定理 5.15 から

$$\dim(X \times P) = \dim_{\mathbb{Z}}(X \times P) \leq \dim_{\mathbb{Z}} X + \dim_{\mathbb{Z}} P = m + n$$

が成り立つ。P の n 次元単体 σ をとる。X の閉集合 A で $\check{H}^m(X, A) \neq 0$ をみたすものをとると，P の n 次元単体 σ に対して

$$\check{H}^{m+n}((X, A) \times (\sigma, \partial\sigma)) \cong \check{H}^m(X, A) \otimes \check{H}^n(\sigma, \partial\sigma) \cong \check{H}^m(X, A) \neq 0$$

だから $\dim(X \times P) \geq \dim(X \times \sigma) \geq m + n$. したがって $\dim(X \times P) = m + n$. □

上の証明は $\check{H}^n(\sigma, \partial\sigma) \cong \mathbb{Z}$ だから $\check{H}^m(X, A) \otimes \check{H}^n(\sigma, \partial\sigma)$ が 0 でないことを用いている。ポントリャーギンは 2 次元コンパクト距離空間 X, Y で $\dim(X \times Y) = 3$ を満たすものを構成した。その構成法は Edwards-Walsh による cell-like 写像の構成法（5.5 節）の原型をなすものである。

◇ **定理 5.17**([42, Example 1.9], [50, Section 1])　素数 p に対して 2 次元コンパクト距離空間 Π_p で以下を満たすものが存在する。

(1)　$\dim_{\mathbb{Z}/p} \Pi_p = \dim_{\mathbb{Z}_{(p)}} \Pi_p = 2$.

(2)　アーベル群 G が p-可除的なら $\dim_G \Pi_p = 1$. 特に $q \neq p$ を素数として $\dim_{\mathbb{Z}/q} \Pi_p = \dim_{\mathbb{Q}} \Pi_p = \dim_{\mathbb{Z}_{(q)}} \Pi_p = 1$.

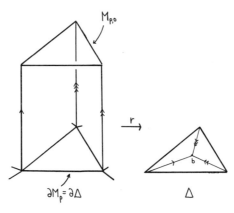

図 **5.1**　写像 $r : M_p \to \Delta$

(3)　$p \neq q$ なら $\dim(\Pi_p \times \Pi_q) = 3$.

証明　第 1 段. 2 次元単体 Δ とその内点 b を固定し，Δ を b を頂点とする $\partial\Delta$ 上の錐とみなす：$\Delta = b * \partial\Delta$. p に対して写像度 p の写像 $\alpha : \partial\Delta \to \partial\Delta$ をとって，その写像柱（定義 2.38）を M_p とおく。

$$M_p := (\partial\Delta \times [0,1]) \amalg \partial\Delta / [(x,0) \sim \alpha(x), x \in \partial\Delta]$$

$q : (\partial\Delta \times [0,1]) \amalg \partial\Delta \to M_p$ を標準射影，また $\partial M_p = q(\partial\Delta \times \{1\}) \approx \partial\Delta$ を $\partial\Delta$ と同一視する。更に $M_{p,0} = q(\partial\Delta \times \{0\})$ とおく. 写像 $r : M_p \to \Delta$ を

$$r(M_{p,0}) = b, \quad r|\partial M_p = \mathrm{id}_{\partial\Delta}$$

を満たすようにとる（図 5.1 を参照）。

　　第 2 段. 2 次元単体的複体 L の単体分割（簡単のため L で表す）を固定する。各 2 単体 $\sigma \in L$ に対して M_p^σ を M_p のコピーとする。σ の境界 $\partial\sigma$ を ∂M_p^σ と同一視して，$L^{(1)}$ に M_p^σ を貼り付ける。これを L の各 2 単体について行なって，得られた単体的複体を $P(L,p)$ とおく：

$$P(L,p) = L^{(1)} \cup \bigcup_{\sigma : 2 \, \text{単体}} M_p^\sigma.$$

各 2 単体 σ に対して $r_\sigma : M_p^\sigma \to \sigma$ を第 1 段の写像として $\pi : P(L, p) \to L$ を

$$\pi | L^{(1)} = \mathrm{id}_{L^{(1)}}, \quad \pi | M_p^\sigma = r_\sigma$$

によって定める。次の 2 つの条件が基本的な役割を果たす：

(2a) G を p-可除的なアーベル群とする．L の任意の部分複体 L_0 上で定義された連続写像 $f : L_0 \to K(G, 1)$ に対して，$f \circ \pi | \pi^{-1}(L_0) : \pi^{-1}(L_0) \to K(G, 1)$ の連続拡張 $\bar{f} : P(L, p) \to K(G, 1)$ が存在する（下の図式参照）．

(2b) $\pi^* : \mathrm{H}^2(L; \mathbb{Z}/p) \to \mathrm{H}^2(P(L, p) : \mathbb{Z}/p)$ は同型写像である．

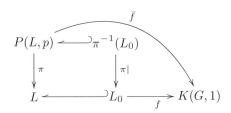

証明 (2a) $K(G, 1)$ の連結性より，f を $L_0 \cup L^{(1)}$ 上に拡張することができるから，初めから $L_0 \supset L^{(1)}$ と仮定してよい．L の 2 単体 σ で L_0 に属さないものをとり，$\partial \sigma = \partial M_p^\sigma$ に注意する．$[f | \partial M_p^\sigma] \in \pi_1(K(G, 1)) = G$ が表す G の元に対して $\gamma \in \pi_1(K(G, 1))$ を $[f | \partial M_p^\sigma] = p \cdot \gamma$ を満たすようにとる（G が p-可除的であることを使う）．γ を写像 $\gamma : M_{p,0}^\sigma \to K(G, 1)$ とみなすと，α の写像度が p だから $f | \partial \sigma = f | \partial M_p^\sigma \simeq \gamma \circ \alpha$ が成り立つ．したがって $\bar{f}_\sigma : M_p^\sigma \to K(G, 1)$ を $f | \partial \sigma$ の拡張として取ることができる．$\bar{f} : P(L, p) \to K(G, 1)$ を

$$\bar{f}_\sigma | \pi^{-1}(\sigma) = \begin{cases} (f | \sigma) \circ (\pi | \pi^{-1}(\sigma)), & \sigma \in L_0, \\ \bar{f}_\sigma, & \sigma \notin L_0. \end{cases}$$

とおくと，$\bar{f} := \bigcup_\sigma \bar{f}_\sigma$ が求める拡張である．

(2b) 包含写像 $\partial M_p \hookrightarrow M_p$ が誘導する準同型 $\mathrm{H}_1(\partial M_p; \mathbb{Z}/p) \to \mathrm{H}_1(M_p; \mathbb{Z}/p)$ は零写像だから，普遍係数定理と $(M_p, \partial M_p)$ と $(\Delta, \partial \Delta)$ のコホモロジー完全列から，

($\sharp$) $\pi^* : \mathrm{H}^2(\Delta, \partial \Delta; \mathbb{Z}/p) \to \mathrm{H}^2(M_p, \partial M_p; \mathbb{Z}/p)$ が同型写像である

ことがわかる。$L^{(1)} \subset P(L, p)$ かつ $\pi|L^{(1)} = \mathrm{id}_{L^{(1)}} : L^{(1)} \to L^{(1)}$ を用い
て，$(P(L, p), L^{(1)})$ と $(L, L^{(1)})$ のコホモロジー完全列を比較する。2 つの
同型 $\mathrm{H}^2(L, L^{(1)}; \mathbb{Z}/p) \cong \bigoplus_{\dim \sigma = 2} \mathrm{H}^2(\sigma, \partial\sigma; \mathbb{Z}/p)$, $\mathrm{H}^2(P(L, p), L^{(1)}; \mathbb{Z}/p) \cong$
$\bigoplus_{\dim \sigma = 2} \mathrm{H}^2(M_p^\sigma, \partial M_p^\sigma; \mathbb{Z}/p)$, および (♯) を用いて，Five Lemma ([74] 参照)
を使うと (2b) が得られる。以上で (2a), (2b) が示された。

第 3 段. 以上の準備の下で Π_p を構成する。まず Δ^3 を 3 次元単体として $K_1 =$
$\partial\Delta^3$ とおき，K_1 上の距離を一つ固定する。$K_2 = P(K_1, p)$, $\pi_1 = \pi_{K_1} : K_2 =$
$P(K_1, p) \to K_1$ とおく。K_2 の単体分割 τ_2 を細かくとって，$\mathrm{mesh}\ \pi_1(\tau_2) :=$
$\max\{\mathrm{diam}\ \pi_1(\sigma) \mid \sigma \in \tau_2\} < 1/2^2$ が成り立つようにする。単体的複体
(K_2, τ_2) に対して $K_3 = P(K_2, p)$ とおき $\pi_2 = \pi_{K_2} : K_3 = P(K_2, p) \to K_2$
とする。K_3 の単体分割 τ_3 を細かくとって，$\mathrm{mesh}\ \pi_2(\tau_3) < 1/2^3$ が成り立つ
ようにする。以下同様に繰り返して，次のような射影系 $(K_i, \pi_i : K_{i+1} \to K_i)$
を得る：$\pi_{ij} = \pi_i \circ \pi_{i+1} \circ \cdots \circ \pi_j : K_{j+1} \to K_i$ とおいて，

   (3a) K_i の単体分割 τ_i に対して $K_{i+1} = P((K_i, \tau_i), p)$, かつ $\pi_i = \pi_{K_i} :$
       $K_{i+1} \to K_i$ は τ_{i+1} と τ_i の適当な細分に関する単体写像。

   (3b) $\mathrm{mesh}\ \pi_i(\tau_{i+1}) < 1/2^{i+1}$, したがって $\lim_{m \to \infty} \mathrm{mesh}\ \pi_{im}(\tau_{m+1}) = 0$.

$\Pi_p = \varprojlim(K_i, \pi_{ij})$ とおき，Π_p が求めるものであることを示そう。各 i に対し
て $\pi_{i\infty} : \Pi_p \to K_i$ を射影とする。

各 K_i は 2 次元単体的複体だから定理 3.19 から，$\dim \Pi_p \leq 2$. (2b) か
ら $p_i^* : \mathrm{H}^2(K_i; \mathbb{Z}/p) \to \mathrm{H}^2(K_{i+1}; \mathbb{Z}/p)$ は同型写像だから $\check{H}^2(\Pi_p; \mathbb{Z}/p) \cong$
$\mathrm{H}^2(K_1; \mathbb{Z}/p) \neq 0$. したがって $\dim_{\mathbb{Z}/p} \Pi_p = 2$ が得られる。Bockstein 不等式
（定理 5.11）から

$$2 = \dim_{\mathbb{Z}/p} \Pi_p \leq \dim_{\mathbb{Z}_{(p)}} \Pi_p \leq \dim \Pi_p = 2$$

を得て，(1) が示された。

(2) を証明するため，p-可除的なアーベル群 G をとる。Π_p は連結だから，定
理 5.5 から $\dim_G \Pi_p \geq 1$. よって $\dim_G \Pi_p \leq 1$ を示せば十分である。Π_p の閉
部分集合 A と連続写像 $f : A \to K(G, 1)$ を任意にとる。$A_i = \mathrm{st}(\pi_{i\infty}(\Pi_p), \tau_i)$
とおくと，(3a) から $\pi_i(A_{i+1}) \subset A_i$ が成り立ち，$A = \varprojlim(A_i, \pi_{ij}|A_j)$ だから，

定理 2.24 から, $m \geq 1$ と $f_m : A_m \to K(G,1)$ が $f \simeq f_m \circ (\pi_{m\infty}|A)$ を満たすように存在する。(2a) から, $\bar{f}_m : K_{m+1} \to K(G,1)$ が

$$\bar{f}_{m+1}|\pi_m^{-1}(A_m) = f_m \circ (\pi_m|A_{m+1})$$

を満たすようにとれる。そこで $\bar{f} = \bar{f}_{m+1} \circ \pi_{m+1\infty}$ とおくと,

$$\bar{f}|A = \bar{f}_{m+1} \circ \pi_{m+1\infty}|A = f_m \circ (\pi_m|A_{m+1}) \circ \pi_{m+1\,\infty}|A$$
$$= f_m \circ \pi_{m\infty}|A \simeq f.$$

よって定理 4.9 から f も拡張 $\Pi_p \to K(G,1)$ をもつ。定理 5.3 から $\dim_G \Pi_p \leq 1$ が得られた。

(3) を証明するため, まず定理 3.15 から $\dim(\Pi_p \times \Pi_q) \leq 4 < \infty$ だから, 定理 5.6 と例 5.14 から以下が成り立つ。

$$\dim(\Pi_p \times \Pi_q) = \dim_{\mathbb{Z}}(\Pi_p \times \Pi_q) = \sup\{\dim_{\mathbb{Z}_{(r)}}(\Pi_p \times \Pi_q) \mid r \text{ は素数}\} \quad (5.6)$$

$r \neq p,q$ なら $\mathbb{Z}_{(r)}$ は p-,q-可除的だから (2) から $\dim_{\mathbb{Z}_{(r)}} \Pi_p = \dim_{\mathbb{Z}_{(r)}} \Pi_q = 1$ より, 定理 5.15 から $\dim_{\mathbb{Z}_{(r)}}(\Pi_p \times \Pi_q) \leq 2$. (1) と (2) および定理 5.15 から $\dim_{\mathbb{Z}_{(q)}}(\Pi_p \times \Pi_q) \leq 3$. 逆向きの不等号を示すため, Π_q の閉集合 B を

$$\check{H}^2(\Pi_q, B; \mathbb{Z}_{(q)}) \neq 0$$

を満たすようにとる。Π_p は連結だから $\dim_{\check{H}^2(\Pi_q, B; \mathbb{Z}_{(q)})} \Pi_p \geq 1$（定理 5.5）より, Π_p の閉集合 A を

$$\check{H}^1(\Pi_p, A; \check{H}^2(\Pi_q, B; \mathbb{Z}_{(q)})) \neq 0$$

を満たすようにとれる。ここで Künneth の公式と普遍係数定理（定理 5.1）から

$$\check{H}^3((\Pi_p, A) \times (\Pi_q, B); \mathbb{Z}_{(q)}) \cong \bigoplus_{i+j=3} \check{H}^i(\Pi_p, A) \otimes \check{H}^j(\Pi_q, B; \mathbb{Z}_{(q)})$$
$$\oplus \bigoplus_{i+j=4} \mathrm{Tor}(\check{H}^i(\Pi_p, A), \check{H}^j(\Pi_q, B; \mathbb{Z}_{(q)}))$$
$$\supset \check{H}^1(\Pi_p, A) \otimes \check{H}^2(\Pi_q, B; \mathbb{Z}_{(q)}) \oplus \mathrm{Tor}(\check{H}^2(\Pi_p, A), \check{H}^2(\Pi_q, B; \mathbb{Z}_{(q)}))$$
$$\cong \check{H}^1(\Pi_p, A; \check{H}^2(\Pi_q, B; \mathbb{Z}_{(q)})) \neq 0$$

だから，$\dim_{\mathbb{Z}_{(q)}}(\Pi_p \times \Pi_q) \geq 3$. したがって $\dim_{\mathbb{Z}_{(q)}}(\Pi_p \times \Pi_q) = 3$. 同様にして $\dim_{\mathbb{Z}_{(p)}}(\Pi_p \times \Pi_q) = 3$ が得られるから，(5.6) から $\dim(\Pi_p \times \Pi_q) = 3$.　□

✔ **注意 5.18**　$\dim(\Pi_p \times \Pi_p) = 4$ が成り立つことが知られている。Boltyanskij は 2 次元コンパクト距離空間 X で $\dim(X \times X) = 3$ を満たすものを構成した。

もっと一般に次が成り立つ [42]。

◇ **定理 5.19**　$m \leq n$ を 1 以上の整数の組，$m \leq r \leq m + n$ とする。コンパクト距離空間 $X_{m,n,r}, Y_{m,n,r}$ が $\dim X_{m,n,r} = m$, $\dim Y_{m,n,r} = n$, かつ $\dim(X_{m,n,r} \times Y_{m,n,r}) = r$ を満たすように存在する。

◇ **定理 5.20**　X をコンパクト距離空間とする。

$$\dim(X \times X) \in \{2\dim X, 2\dim X - 1\}$$

が成り立ち，任意の $n \geq 2$ に対して

$$\dim X^n = \begin{cases} n \cdot \dim X, & \dim(X^2) = 2\dim X \text{ のとき，} \\ n \cdot \dim X + (1 - n), & \dim(X^2) = 2\dim X - 1 \text{ のとき．} \end{cases}$$

5.4　Cell-like 写像問題

Edwards-Walsh による次の定理は，整数係数コホモロジー次元と cell-like 写像の関係を示す重要な定理である。1978 年 Edwards によって発表され，[125] で証明が公表された。

◇ **定理 5.21** [125]　X をコンパクト距離空間とする。次の 2 条件は同値である。

(1)　$\dim_{\mathbb{Z}} X \leq n$.

(2)　$\dim Z \leq n$ を満たすコンパクト距離空間 Z と cell-like 写像 $f : Z \to X$ が存在する。

証明は次節で与える。本節では上の定理のいくつかの帰結について述べたい。まず次の定理が知られている。

◇ **定理 5.22** $f : M \to X$ を有限次元コンパクト ANR 空間 M からコンパクト距離空間 X への cell-like 写像とする。以下は同値である。

(1) $\dim X < \infty$.

(2) X は ANR 空間である。

(2) $\Rightarrow$ (1) は定理 4.37 と定理 3.9 を用いることで得られる（多少の議論が必要）。(1) $\Rightarrow$ (2) の証明は系 4.39 と定理 4.7 による。

ここで以下の 3 つの問題を考えよう：

問題 1 (Alexandroff) コンパクト距離空間 X に対し, 等式「$\dim_\mathbb{Z} X = \dim X$」は仮定「$\dim X < \infty$」を落としても成り立つか？

問題 2 (Dimension raising problem) $f : X \to Y$ を有限次元コンパクト距離空間 X からコンパクト距離空間 Y への cell-like 写像とする。このとき Y は有限次元か？（$\iff \dim Y \le \dim X$ が成り立つか？）

問題 3: $f : M \to X$ を有限次元コンパクト ANR 空間 M からコンパクト距離空間 X への cell-like 写像とする. $\dim X < \infty$ は成り立つか？（定理 5.22 から X は ANR 空間か？と問うても同じ）

これらの問題がすべて同値であることを示すことはそれほど難しくない。例えば問題 1 が肯定解を持つとしよう。$f : X \to Y$ を問題 2 にあるような cell-like 写像とすると, 定理 5.21 (2) $\Rightarrow$ (1) から, $\dim Y = \dim_\mathbb{Z} Y \le \dim_\mathbb{Z} X = \dim X$ だから問題 2 は肯定解を持つ。逆に問題 2 が肯定解を持つとする。$\dim_\mathbb{Z} X = n$ であるコンパクト距離空間 X に対して定理 5.21 から n 次元コンパクト距離空間 Y からの cell-like 写像 $f : Y \to X$ をとれば, 仮定から $\dim X < \infty$ だから定理 5.6 から $\dim X = \dim_\mathbb{Z} X$ が得られる。

Dranishnikov[41] はコンパクト距離空間 X で $\dim_\mathbb{Z} X = 3 < \infty = \dim X$ を満たすものを構成し, 問題 1 に（したがって上の問題全てに）解答を与えた。その後 Dydak-Walsh は $\dim_\mathbb{Z} = 2$ を満たす無限次元コンパクト距離空間を構成した ([49]). $\dim_\mathbb{Z} X = 1$ なら $\dim X = 1$ だから, 2 はこのような例の存在する最低次元である。問題 3 において M を位相多様体と仮定した以下の問題は, 次章とも関わっている。

問題: $f : M \to X$ を n 次元コンパクト位相多様体 M からコンパクト距離空間 X への cell-like 写像とする。このとき X は有限次元か？

簡単のため $\partial M = \emptyset$ とする。$n = 1$ なら M は円周と位相同型，f の各ファイバー $f^{-1}(x)$ は単純弧だから X は円周と位相同型である。$n = 2$ に対しては Schönflies の定理から，やはり X は M と位相同型であることがわかる（非自明）。$n = 3$ については Kozlowski-Walsh により肯定的に解決された (1983)。$n \geq 5$ に対しては以下の様に否定的である：上記の Dydak-Walsh のコンパクト距離空間 X, $\dim X = \infty, \dim_{\mathbb{Z}} X = 2$ に対して，定理 5.21 を適用して cell-like 写像 $f : Z \to X$, $\dim Z = 2$ をとる。Z を 5 次元（以上）の球面 S^n に埋め込み（定理 3.20），f の各ファイバー $f^{-1}(x)$, $x \in X$, をそれぞれ 1 点に縮めて得られる商空間を $\hat{X}$ とおき，$p : S^n \to \hat{X}$ を商写像とすると，p は cell-like 写像で，$\hat{X}$ は X を部分空間として含むから無限次元である。

未解決問題 (1986 [44]): $f : M \to X$ を 4 次元コンパクト位相多様体 M からコンパクト距離空間 X への cell-like 写像とする。このとき X は有限次元か？

次に定理 5.21 の拡張について触れる。

◆ **定義 5.23** G をアーベル群とする。

(1) コンパクト距離空間 K が G-**非輪状**であるとは

$$\tilde{\mathrm{H}}^*(K; G) = 0$$

  が成立することである。

(2) コンパクト距離空間の間の連続全射 $f : X \to Y$ が G-**非輪状写像**であるとは，任意の $y \in Y$ に対して $f^{-1}(y)$ が G-非輪状であることである。

Dydak-Walsh は定理 5.21 の証明を詳しく分析し，Edwards-Walsh 複体の概念を導入して，それまでに得られていた結果の定理の幾つかに対して見通しの良い証明を与えた。小山-横井 [83] は Edwards-Walsh 複体を詳細に調べることにより，アーベル群のいくつかのクラスに対して定理 5.21 の類似を証明した。以下の最終形は M. Levin による。

◇ **定理 5.24** [84]　G をアーベル群, X をコンパクト距離空間で $\dim_G X \leq n$ を満たすものとする。このとき $\dim Z \leq n+1$ を満たすコンパクト距離空間 Z と G-非輪状写像 $f : Z \to X$ が存在する。

　上の定理において一般に「$\dim Z \leq n+1$」を「$\dim Z \leq n$」に置き換えることができないことが知られている。Bockstein 基をなす群のうち,「$G = \mathbb{Z}/p$」のときおよび「$G = \mathbb{Q}$ かつ $n \geq 2$」のときは「$\dim Z \leq n$」とできる (Dranishnikov, Levin)。

　Menger スポンジ μ^1 (例 3.8) の高次元での類似を考え n 次元 Menger 立方体 μ^n を構成することができる。μ^n は次の性質を持つ ([9]):$\dim \mu^n = n$ であり, かつ任意の n 次元コンパクト距離空間 X に対して X の位相的埋め込み $X \hookrightarrow \mu^n$ が存在する。一方で整数係数コホモロジー次元に対して対応する性質を持つコンパクト距離空間は存在しない ([109])。

　次の問題は Hilbert-Smith 予想と呼ばれている。

未解決問題 (Hilbert-Smith 予想):コンパクト位相群 G が多様体に効果的に作用するとする。このとき G は Lie 群か?

　多様体の次元が 3 以下なら上の予想は正しい ([101])。Montgomery-Zippin はヒルベルト第 5 問題の解決において, 任意のコンパクト群 G はコンパクト Lie 群の射影極限として表せることを示した。射影極限に現れる Lie 群は G の 0 次元部分群による剰余群として得られることを用いると, 上の問題の肯定解は以下の問題の肯定解から導かれる:

　未解決予想. コンパクト 0 次元位相群 A は (位相) 多様体 M に効果的に作用できない。

　A は p 進整数

$$A_p = \varprojlim(\mathbb{Z}/p \leftarrow \mathbb{Z}/p^2 \leftarrow \cdots \leftarrow \mathbb{Z}/p^n \leftarrow \mathbb{Z}/p^{n+1} \leftarrow \cdots)$$

と仮定してよい。仮に A_p の M 上への自由作用が存在したとすると, 軌道空間のコホモロジー次元は以下の様になる:

◇ **定理 5.25**[132] A_p が n 次元多様体 M^n に自由作用を持つとする。このとき軌道空間 M^n/A^p に対して以下が成り立つ。

(1) $\dim_{\mathbb{Z}}(M/A_p) = n + 2$.

(2) $\dim_{\mathbb{Z}/p}(M/A_p) = n + 1$, $\dim_{\mathbb{Z}/q}(M/A_p) = n$, $q \neq p$.

(3) $\dim_{\mathbb{Q}}(M/A_p) = n$.

Repovš-Ščepin は，A_p はリーマン多様体上に，リプシッツ同相写像として効果的に作用することはできないことを示している（[105] およびそこにある文献参照）。

5.5   Edwards-Walsh の定理の証明

この節では定理 5.21 の証明を与える。ここでは [50], [83], [84] での議論を整数係数コホモロジー次元に適用した証明を与える。まず定理 5.21 の (2) $\Rightarrow$ (1) は，以下の命題および定理 5.6 からの帰結である。

◇ **命題 5.26** G をアーベル群，$f : Z \to X$ をコンパクト距離空間 Z, X の間の G-非輪状写像とする。このとき $\dim_G X \leq \dim_G Z$ が成り立つ。

証明 $\dim_G Z = n$ とする。$\dim_G X \leq n$ を示すため A を X の任意の閉集合とする。定理 4.42 から $f^* : \check{H}^{n+1}(X, A; G) \to \check{H}^{n+1}(Z, f^{-1}(A); G)$ は同型写像であり，$\check{H}^{n+1}(Z, f^{-1}(A); G) = 0$ だから $\check{H}^{n+1}(X, A; G) = 0$ を得る。よって $\dim_G X \leq n$. $\square$

$\dim_{\mathbb{Z}} X \leq n$ を満たすコンパクト距離空間 X が与えられたとき，$\dim Z \leq n$ を満たすコンパクト距離空間と cell-like 写像 $f : Z \to X$ を構成するためにはいくつかの準備が必要である。以下簡のため，単体的複体 P が定める多面体も P と表す。P の適当な細分に関する部分複体が定める多面体を P の部分多面体と呼ぶ。次の定義および記号法は [50] に従う。CW 複体 P から単体的複体 Q への写像 $p : P \to Q$ が **combinatorial 写像**であるとは，Q の任意の部分複体 Q' に対して $p^{-1}(Q')$ が P の部分複体であることである。

◆ **定義 5.27**　アーベル群 G と非負整数 n, 単体的複体 L に対して CW 複体 $\mathrm{EW}_G(n, L)$ からの combinatorial 写像 $\pi : \mathrm{EW}_G(L, n) \to L$ が以下の条件を満たすとき, L の Edwards-Walsh resolution であるという.

(1)　$\pi^{-1}(L^{(n)}) = L^{(n)}$, かつ $\pi|\pi^{-1}(L^{(n)}) = \mathrm{id}_{L^{(n)}}$.

(2)　$k \geq n+1$ と k 次元単体 σ に対して $\pi^{-1}(\sigma)$ は Eilenberg-MacLane 複体 $K(\oplus_{m_\sigma} G, n)$ である (m_σ は σ に依存する).

(3)　任意の L の部分複体 L' と任意の $f : L' \to K(G, n)$ に対して, $f \circ \pi$ の制限 $f \circ \pi| : \pi^{-1}(L') \to K(G, n)$ は連続拡張 $\bar{f} : \mathrm{EW}_G(n, L) \to K(G, n)$ を持つ.

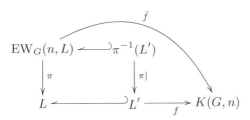

◇ **補題 5.28**[50, Lemma 2.4]　combinatorial 写像 $\pi : \mathrm{EW}_G(L, n) \to L$ が上の定義の (1)–(2) を満たすとする. π が以下の条件 (3a) を満たすなら, それは上記 (3) の条件を満たす:

(3a)　任意の $\sigma \in L$ に対して, 包含写像 $\pi^{-1}(\partial\sigma) \hookrightarrow \pi^{-1}(\sigma)$ は全射

$$\mathrm{H}^n(\pi^{-1}(\sigma); G) \to \mathrm{H}^n(\pi^{-1}(\partial\sigma); G)$$

を誘導する.

証明　$f : L' \to K(G, n)$ を L の部分複体 L' 上で定義された連続写像とする. $K(G, n)$ の $(n-1)$ 連結性より f は $L' \cup L^{(n)}$ まで拡張されるから, 初めから $L^{(n)} \subset L'$ と仮定してよい. $L \setminus L'$ の単体を次元の低い順に並べて

$$\sigma_1, \sigma_2, \ldots, \sigma_s$$

とおき, $L'_i = L' \cup \bigcup_{j=1}^{i} \sigma_j$ とする. $i = 1, \ldots, s$ に対して $\partial\sigma_i \subset L'_{i-1}$ が成り立つ.

i に関する帰納法によって $f \circ \pi |\pi^{-1}(L')$ の拡張 $\bar{f}_i : \pi^{-1}(L'_i) \to K(G, n)$ を構成する。$\bar{f}_0 = f$ とおき，$i \geq 0$ に対して $\bar{f}_i : \pi^{-1}(L'_i) \to K(G, n)$ が得られたとしよう。σ_{i+1} に対して $\partial\sigma_{i+1} \subset L'_i$ だから，$\bar{f}_i|\pi^{-1}(\partial\sigma_{i+1}) : \pi^{-1}(\partial\sigma_{i+1}) \to K(G, n)$ は定まっている。仮定から $\mathrm{H}^n(\pi^{-1}(\sigma_{i+1}) : G) \to \mathrm{H}^n(\pi(\partial\sigma_{i+1}); G)$ が全射だから，連続写像 $\tilde{f}_{i+1} : \pi^{-1}(\sigma_{i+1}) \to K(G, n)$ が，$\tilde{f}_{i+1}|\pi^{-1}(\partial\sigma_{i+1}) \simeq \bar{f}_i|\pi^{-1}(\partial\sigma_{i+1})$ を満たすように存在する（自然な同型 $\mathrm{H}^n(\,\cdot : G) \cong [\,\cdot\,, K(G, n)]$ を用いればよい）。$K(G, n)$ が ANR だから，ホモトピー拡張定理（定理 4.9）から $\bar{f}_i|\pi^{-1}(\partial\sigma_{i+1})$ の拡張 $g_{i+1} : \pi^{-1}(\sigma_{i+1}) \to K(G, n)$ がとれる。これを $\bar{f}_i$ と合わせて $\bar{f}_{i+1} = \bar{f}_i \cup g_{i+1} : L'_{i+1} \to K(G, n)$ とおけば $\bar{f}_{i+1}$ が求める拡張である。以上で帰納法のステップが終わった。

最後に $\bar{f} := \bar{f}_s$ とおけば $\bar{f}$ が求めるものである。 □

Bockstein 系に属する群の中で，$\mathbb{Z}, \mathbb{Z}/p, \mathbb{Z}_{(p)}$ は任意の有限単体的複体に対して Edwards-Walsh resolution を持つが，$\mathbb{Z}/p^\infty$ はそうでない（p は任意の素数）。アーベル群 G が Edwards-Walsh resolution を許容するための十分条件が [83] で与えられた。

以下 $G = \mathbb{Z}$ と有限単体的複体 L に対して Edwards-Walsh resolution を構成する。Eilenberg-MacLane 複体 $K(\mathbb{Z}, n)$ の一つの構成法は，n 次元球面 S^n を $K(\mathbb{Z}, n)^{(n)}$ とおき，$(n+1)$ 次元ホモトピー群 $\pi_{n+1}(S^n)$ を消すために $(n+2)$ 次元の胞体を接着し，次に $(n+2)$ 次元ホモトピー群を消すために $(n+3)$ 次元胞体を接着し…と続けて

$$K(\mathbb{Z}, n) = S^n \cup \bigcup_{k \geq n+2} \bigcup_{\alpha_k} e^k_{\alpha_k}$$

とすることである。上で構成した $K(\mathbb{Z}, n)$ には $(n+1)$ 次元胞体が含まれない，言い換えれば $K(\mathbb{Z}, n)^{(n+1)} = K(\mathbb{Z}, n)^{(n)} = S^n$ が成り立つ。

◇ **定理 5.29** [50, Corollary 3.2]　L を有限単体的複体，$n \geq 0$ とする。以下を満たす Edwards-Walsh resolution $\pi : \mathrm{EW}_{\mathbb{Z}}(L, n) \to L$ が存在する。

(a)　L の任意の単体 σ と $j = 0, \ldots, n$ に対して，包含写像 $\sigma^{(n)} \hookrightarrow \sigma$ は同型写像

$$\mathrm{H}_j(\pi^{-1}(\sigma^{(n)})) \to \mathrm{H}_j(\pi^{-1}(\sigma))$$

を誘導する。

(b) 任意の L の単体 σ に対して $\pi^{-1}(\sigma)$ は $\pi^{-1}(\partial\sigma)$ に $(n+2)$ 次元以上の胞体を貼り付けて得られる。特に $EW_{\mathbb{Z}}(L)^{(n+1)} = EW_{\mathbb{Z}}(L)^{(n)}$ が成り立つ。

次の補題は Mayer-Vietoris 完全列を用いて，N の単体の個数に関する帰納法によって証明できる。ここでは省略する。[50, Lemma 4.3] 参照。

◇ **補題 5.30**　$\pi : \tilde{L} \to L$ を CW 複体 $\tilde{L}$ から単体的複体 L への combinatorial 写像とする。L の任意の単体 σ と任意の $j = 0, \ldots, n$ に対して包含写像の誘導する準同型 $\mathrm{H}_j(\pi^{-1}(\sigma^{(n)})) \to \mathrm{H}_j(\pi^{-1}(\sigma))$ が同型写像なら，任意の L の部分複体 N と任意の $j = 0, \ldots, n$ に対して，包含写像の誘導する準同型

$$\mathrm{H}_j(\pi^{-1}(N^{(n)})) \to \mathrm{H}_j(\pi^{-1}(N))$$

も同型写像である。

定理 5.29 の証明　$\dim L \leq n$ のときは $EW_{\mathbb{Z}}(L, n) = L, \pi = \mathrm{id}_L$ とすればよい。$\dim L = n+1$ と仮定し，L の $(n+1)$ 次元単体 σ をとる。σ の境界 $\partial\sigma$ に $(n+2)$ 次元以上の胞体を接着して得られた Eilenberg-MacLane 複体 $K(\mathbb{Z}, n)$ を $K(\sigma)$ と表す。$\pi_\sigma : K(\sigma) \to \sigma$ を

$\pi_\sigma|\partial\sigma = \mathrm{id}_{\partial\sigma}$ かつ，$K(\sigma)$ の任意の胞体 e に対して，$\pi_\sigma(e \setminus \partial\sigma) \subset \sigma \setminus \partial\sigma$

が成り立つように定める。これを各 $(n+1)$ 次元単体について行なって

$$EW_{\mathbb{Z}}(L, n) = L^{(n)} \cup \bigcup_{\dim \sigma = n+1} K(\sigma)$$

とおく。但し上の和は，$(n+1)$ 次元単体 σ, τ に対して $K(\sigma) \cap K(\tau) = \sigma \cap \tau$ $(= \partial\sigma \cap \partial\tau)$ が成り立つようにとる。$\pi = \bigcup_{\dim \sigma = n+1} \pi_\sigma : EW_{\mathbb{Z}}(L, n) \to L$ とおくと π は well-defined な combinatorial 写像で，定義 5.27 (1), (2) を満たす。各 $(n+1)$ 次元単体 σ に対して $\pi^{-1}(\sigma) = K(\sigma) \simeq K(\mathbb{Z}, n), \pi^{-1}(\sigma^{(n)}) = \sigma^{(n)} = \partial\sigma$ だから包含写像 $\sigma^{(n)} = \partial\sigma \hookrightarrow \sigma$ は同型

$$(*) \quad \mathrm{H}_j(\pi^{-1}(\sigma^{(n)})) \cong \mathrm{H}_j(\pi^{-1}(\sigma)), \quad j = 0, \ldots, n$$

を誘導する。定義 5.27 (3) を確かめるためには，補題 5.28 から任意の $\sigma \in L$ に対して，包含写像の導く準同型

$$\mathrm{H}^n(\pi^{-1}(\sigma)) \to \mathrm{H}^n(\pi^{-1}(\partial\sigma))$$

が全射であることを示せばよい。$\dim \sigma \leq n$ なら明らかだから $\dim \sigma = n+1$ と仮定する。すると $\sigma^{(n)} = \partial\sigma$ だから (*) と普遍係数定理から結論が得られる。以上で $\dim L = n+1$ のときの構成が終わった。

$\dim L = m > n+1$ として (a),(b) を満たす Edwards-Walsh resolution $\pi : \mathrm{EW}_{\mathbb{Z}}(L^{(m-1)}, n) \to L^{(m-1)}$ が構成されたとする。m 次元単体 σ に対して補題 5.30 から $\mathrm{H}_j(\pi^{-1}((\partial\sigma)^{(n)})) \to \mathrm{H}_j(\pi^{-1}(\partial\sigma))$, $j \leq n$, は同型写像だから，帰納法の仮定から以下が成り立つ：

$$\mathrm{H}_j(\pi^{-1}(\partial\sigma)) \cong \begin{cases} 0 & j < n, \\ \bigoplus_{m_\sigma} \mathbb{Z} & j = n. \end{cases} \tag{5.7}$$

$\pi^{-1}(\partial\sigma)$ の $(n+1)$ 次元以上のホモトピー群を消すために $(n+2)$ 次元以上の胞体を貼り付けて得られた $K(\bigoplus_{m_\sigma}\mathbb{Z}, n)$ 複体を $K(\sigma)$ と表す。また $\pi_\sigma : K(\sigma) \to \sigma$ を

$$\pi_\sigma^{-1}(\partial\sigma) = \pi^{-1}(\partial\sigma),\ \pi_\sigma|\pi_\sigma^{-1}(\partial\sigma) = \pi_{m-1}|\pi_\sigma^{-1}(\partial\sigma)\ \text{かつ}$$

$$\pi_\sigma(K(\sigma) \setminus K(\partial\sigma)) \subset \sigma \setminus \partial\sigma$$

を満たすようにとる。この操作を各 m 次元単体で繰り返して，

$$\mathrm{EW}_{\mathbb{Z}}(L, n) = \mathrm{EW}_{\mathbb{Z}}(L^{(m-1)}, n) \cup \bigcup_{\dim \sigma = m} K(\sigma)$$

とおき，$\pi = \bigcup_{\dim \sigma = m} \pi_\sigma$ とおけば，構成と (5.7) から π が定義 5.27 の (1),(2) の 2 条件を満たす。

(a) を確かめるため $\sigma \in L$ をとる。帰納法の仮定から $\dim \sigma \leq m-1$ なら (a) は成り立っているから，$\dim \sigma = m$ とする。$\pi^{-1}(\sigma) = K(\sigma) = \pi^{-1}(\partial\sigma) \cup \bigcup_{i \geq n+2} e^i$ だから，同型

$$\mathrm{H}_j(\pi^{-1}(\partial\sigma)) \cong \mathrm{H}_j(\pi^{-1}(\sigma)),\ \ j \leq n \tag{5.8}$$

を得る. 帰納法の仮定と補題 5.30 により

$$\mathrm{H}_j(\pi^{-1}((\partial\sigma)^{(n)})) \cong \mathrm{H}_j(\pi^{-1}(\partial\sigma)) \tag{5.9}$$

だから (5.8), (5.9) を合わせて (a) が示された. (b) は構成法から従う.

　定義 5.27(3) を示すために, 補題 5.28 の条件 (3a) を確かめよう. $\dim\sigma = m$ とすると $\pi^{-1}(\sigma) = \pi^{-1}(\partial\sigma) \cup \bigcup_{i \geq n+2} e^i$ である. 胞体 e^i の接着写像を $\varphi_i : D^{d(i)} \to \pi^{-1}(\sigma)$ $(d(i) \geq n+2)$ とすれば, 任意の $f : \pi^{-1}(\partial\sigma) \to K(\mathbb{Z}, n)$ に対して $f \circ \varphi_i|\partial D^{d(i)} \simeq 0$ だから, f は $\pi^{-1}(\sigma) \to K(\mathbb{Z}, n)$ に拡張できる. よって

$$\mathrm{H}^n(\pi^{-1}(\sigma)) \to \mathrm{H}^n(\pi^{-1}(\partial\sigma))$$

は全射である. □

　Edwards-Walsh resolution がコホモロジー次元論において果たす役割は以下の命題に示されている.

◇ **命題 5.31**([45, Theorem 3.4])　$n \geq 0$ を固定する. このときコンパクト距離空間 X に対する以下の 2 条件は同値である.

(1) $\dim_{\mathbb{Z}} X \leq n$,
(2) 任意の有限単体的複体 L と任意の連続写像 $f : X \to L$ に対して $\tilde{f} : X \to \mathrm{EW}_{\mathbb{Z}}(L, n)$ で, 任意の $\sigma \in L$ に対して $\tilde{f}(f^{-1}(\sigma)) \subset \pi^{-1}(\sigma)$ を満たすものが存在する.

証明　ここでは (1) ⇒ (2) のみを証明する. 初めに L の単体を次元の低いほうから $\sigma_1, \sigma_2, \ldots, \sigma_K$ と並べて, 以下の条件が成り立つようにする:

　　　　τ が σ_i の面なら $\tau = \sigma_k$ を満たす $k < i$ が存在する.

　与えられた $f : X \to L$ に対して $X_j = f^{-1}(\sigma_j)$ とおき, i についての帰納法によって $\tilde{f}_i : \bigcup_{j=1}^i X_j \to \mathrm{EW}_{\mathbb{Z}}(L, n)$ を

(i) $\tilde{f}_i(f^{-1}(\sigma_j)) \subset \pi^{-1}(\sigma_j)$, $j = 1, \ldots, i$

を満たすように構成しよう。$\pi^{-1}(\sigma_1)$ は $K(\oplus_{m_{\sigma_1}}\mathbb{Z}, n) \approx \prod_{m_{\sigma_1}} K(\mathbb{Z}, n) \in AE(X)$ だから (定義 5.27 および定理 5.3), 連続写像 $\tilde{f}_1 : f^{-1}(\sigma_1) \to \pi^{-1}(\sigma)$ がとれる。$i \geq 1$ に対して $\tilde{f}_i$ が (i) を満たすように定まったとする。各 $j = 1, \ldots, i$ に対して $\sigma_{i+1} \cap \sigma_j = \sigma_k$ を満たす $k \leq i$ が存在する。

$$\tilde{f}_i(f^{-1}(\sigma_{i+1}) \cap f^{-1}(\sigma_j)) = \tilde{f}_i(f^{-1}(\sigma_k)) \subset \pi^{-1}(\sigma_k) \subset \pi^{-1}(\sigma_{i+1})$$

だから

$$\tilde{f}_i(f^{-1}(\sigma_{i+1}) \cap \bigcup_{j=1}^{i} f^{-1}(\sigma_j)) \subset \pi^{-1}(\sigma_{i+1})$$

が成り立つ。$\pi^{-1}(\sigma_{i+1}) \in AE(X)$ を用いて, $\tilde{f}_i| : f^{-1}(\sigma_{i+1}) \cap \bigcup_{j=1}^{i} f^{-1}(\sigma_j) \to \pi^{-1}(\sigma_{i+1})$ を $f^{-1}(\sigma_{i+1}) \cup \bigcup_{j=1}^{i} f^{-1}(\sigma_j) \to \pi^{-1}(\sigma_{i+1})$ へ拡張することによって $\tilde{f}_i : A \cup \bigcup_{j=1}^{i+1} f^{-1}(\sigma_j) \to \mathrm{EW}_{\mathbb{Z}}(L, n)$ を得る。以上で帰納法が終わった。$\tilde{f} = \tilde{f}_K$ が求める f の持ち上げである。　　□

コンパクト距離空間の連続写像 $q : X \to Y$ と $\delta > 0$ に対して, 記号を濫用して,

$$q(\delta) = \sup\{d(q(x), q(y)) \mid x, y \in X, \ d(x, y) \leq \delta\}$$

とおく。

◇ 補題 5.32　$X = \varprojlim(X_i, p_{ij} : X_j \to X_i)$ と $Y = \varprojlim(Y_i, q_{ij} : Y_j \to Y_i)$ を, コンパクト距離空間から成る射影極限, $p_i : X \to X_i, q_i : Y \to Y_i$ を射影とする。正の数列 $(\varepsilon_i), (\delta_i)$ と連続写像列 $(f_i : X_i \to Y_i)$ が以下を満たすと仮定する :

(a)　$q_{jk} \circ f_k \circ p_{k\ell} =_{\varepsilon_k} q_{jk} \circ q_{k\ell} \circ f_\ell, \ j \leq k \leq \ell,$

(b)　$\varepsilon_i + q_{ij}(\delta_j) < \delta_i, \ \forall i, j, \ i \leq j,$

(c)　$\lim_{j \to \infty} q_{ij}(\delta_j) = 0, \ \forall i.$

このとき定理 2.26 によって (f_i) が誘導する連続写像 $f_\infty : X \to Y$

$$q_i \circ f_\infty(x) = \lim_{j \to \infty} q_{ij} \circ f_j \circ p_j(x), \ i \geq 1$$

は次を満たす：任意の $y = (y_i) \in Y$ に対して，$p_{ii+1}(f_{i+1}^{-1}(N(y_{i+1}, \delta_{i+1}))) \subset f_i^{-1}(N(y_i; \delta_i))$ が成り立ち，かつ

$$f_\infty^{-1}(y) = \varprojlim \left(f_i^{-1}(N(y_i; \delta_i)), p_{ij}| : f_j^{-1}(N(y_j, \delta_j)) \to f_i^{-1}(N(y_i, \delta_i)) \right).$$

証明 前半の包含関係は仮定 (a), (b) から得られる。後半の等式を示すため $x \in f_\infty^{-1}(y)$ として，$x_i = p_i(x)$ と置く。(a) から

$$f_i(x_i) =_{\varepsilon_i} \lim_{j \to \infty} q_{ij} \circ f_j(x_j) = q_i f_\infty(x) = y_i$$

より，(b) と併せて $x_i \in f_i^{-1}(N(y_i; \delta_i))$。

逆に $x = (x_i) \in X$ が $x_i \in f_i^{-1}(N(y_i; \delta_i))$ を満たすとする。$f_i(x_i) =_{\delta_i} y_i$ だから $i \leq j$ に対して $q_i \circ f_\infty(x_j) =_{q_{ij}(\delta_j)} q_{ij}(y_j) = y_i$ と (c) を用いて，任意の $i \geq 1$ に対して $q_i f_\infty(x) = y_i$ が得られる。よって $x \in f_\infty^{-1}(y)$ が成り立ち，求める等号が示せた。 $\qquad\square$

定理 5.21 の証明 ここでは [84] の議論に沿った証明を与える。コンパクト距離空間 X が $\dim_{\mathbb{Z}} X \leq n$ をみたすとする。X をコンパクト多面体の射影極限 $X = \varprojlim(X_i, p_{ij} : X_j \to X_i)$ として表し，$p_i : X \to X_i$ を射影とする。正の数列 $(\varepsilon_i), (\delta_i)$ を

$$\epsilon_i + p_{ij}(\delta_j) < \delta_i, \quad かつ \quad \lim_{j \to \infty} p_{ij}(\delta_j) = 0, \ \forall i, j, \ i \leq j \tag{5.10}$$

が成り立つようにとる。以下帰納的に，部分列 (m_i)，X_{m_i} の単体分割 τ_i，コンパクト多面体列 (Z_i) と射影系 $(Z_i, q_{ij} : Z_j \to Z_i)$ を以下のように構成する。

(a)　$\mathrm{mesh}\,\tau_i < \varepsilon_i + p_{ki}(\delta_i)$, $k = 1, \ldots, i$.

(b)　$Z_i = (X_{m_i}, \tau_i)^{(n)}$, 特に $\dim Z_i \leq n$.
　　$\alpha_i : Z_i \hookrightarrow X_{m_i}$ を包含写像とする。

(c)　$x \in X$ に対して $x_i = p_{m_i}(x)$ として，
　　$q_{i\,i+1}|\alpha_{i+1}^{-1}(N(x_{i+1}; \delta_{i+1})) \simeq 0 : \alpha_{i+1}^{-1}(N(x_{i+1}; \delta_{i+1})) \to \alpha_i^{-1}(N(x_i; \delta_i))$.

(d)　$p_{m_j m_k} \circ \alpha_k \circ q_{k\ell} =_{\varepsilon_k} p_{m_j m_\ell} \circ \alpha_\ell$, $j \leq k \leq \ell$.

このような (Z_i, q_{ij}) が得られたら，$Z = \varprojlim(Z_i, q_{ij} : Z_j \to Z_i)$ とおくと，(b) と定理 3.19 から $\dim Z \leq n$. (d) と補題 5.32 から得られる連続写像を

$\alpha_\infty : Z := \varprojlim(Z_i, q_{ij} : Z_j \to Z_i) \to X$ とおく。点 $x \in X$ に対して，補題 5.32 より $\alpha_\infty^{-1}(x) = \varprojlim(\alpha_i^{-1}(N(x_i, \delta_i)), q_{ij}|\,)$ だから，(c) より $\mathrm{Sh}(\alpha_\infty^{-1}(x)) = 0$, 即ち α_∞ は cell-like 写像であり，定理が証明される。

構成. $m_1 = 1$, X_1 の単体分割 τ_1 を (a)($i=1$) のようにとり，$Z_1 = (X_1, \tau_1)^{(n)}$ とおく。$i \geq 1$ に対して $m_j, \tau_j, q_{ji}(j \leq i)$ が構成されたとする。記号を簡単にするため $K_i = X_{m_i}$ とおく。τ_i の各単体 σ をわずかに膨らませた開集合 U_σ によって，K_i の開被覆 $\mathcal{U} = \{U_\sigma \mid \sigma \in \tau_i\}$ をとる。

$$\mathrm{mesh}\,\mathcal{U} < \varepsilon_i + p_{jm_i}(\delta_{m_i}), \ j = 1, \ldots, m_i \tag{5.11}$$

が成り立つとしてよい。(K_i, τ_i) の Edwards-Walsh resolution $\pi_i : \mathrm{EW}_{\mathbb{Z}}(K_i, n) \to K_i$ を定理 5.29 のようにとる。定理 5.31 から連続写像 $f : X \to \mathrm{EW}_{\mathbb{Z}}(K_i, n)$ が $f(p_i^{-1}(\sigma)) \subset \pi_i^{-1}(\sigma), \ \forall \sigma \in \tau_i$ を満たすようにとれる。特に $\pi_i \circ f =_{\mathcal{U}} p_{m_i}$ が成り立つ。定理 2.24 によって，$k > i$ と $\varphi : X_k \to \mathrm{EW}_{\mathbb{Z}}(K_i, n)$ を $f =_{\pi_i^{-1}(\mathcal{U})} \varphi \circ p_k$ が成り立つように選ぶ（定理 2.24）。このとき

$$\pi_i \circ \varphi \circ p_k =_{\mathcal{U}} \pi_i \circ f =_{\mathcal{U}} p_{m_i}$$

だから $\ell > k$ を大きくとれば $\pi_i \circ \varphi \circ p_{k\ell} =_{\mathrm{st}\mathcal{U}} p_{m_i\ell}$ が成り立つようにできる（同じく定理 2.24）。$\varphi_\ell = \varphi \circ p_{k\ell}$ とおけば

$$\pi_i \circ \varphi_\ell =_{\mathrm{st}\mathcal{U}} p_{m_i\ell} \tag{5.12}$$

が成り立つ。$m_{i+1} = \ell, K_{i+1} = X_{m_{i+1}}$ とおく。K_{i+1} の単体分割 τ_{i+1} を (a) が成り立つよう細かくとって，φ_ℓ の胞体近似写像 $\bar{\varphi}$ を $\bar{\varphi}(\varphi_\ell^{-1}(\pi_i^{-1}(\sigma))) \subset \pi_i^{-1}(\sigma), \ \forall \sigma \in \tau_i$, が成り立つようにとる。(5.12) から

$$\pi_i \circ \bar{\varphi} =_{\mathrm{st}^2\mathcal{U}} p_{m_i\ell} = p_{m_i m_{i+1}} \tag{5.13}$$

が成り立つ。$\bar{\varphi}((K_{i+1}, \tau_{i+1})^{(n)}) \subset \mathrm{EW}_{\mathbb{Z}}(K_i, n)^{(n)} = (K_i, \tau_i)^{(n)} = Z_i$ だから，$Z_{i+1} = (K_{i+1}, \tau_{i+1})^{(n)}$ とおくと，写像 $q_{ii+1} := \pi_i \circ \bar{\varphi}|Z_{i+1} : Z_{i+1} \to Z_i$ が定まる。包含写像 $\alpha_{i+1} : Z_{i+1} \hookrightarrow K_{i+1}$ に対して

$$\alpha_i \circ q_{ii+1} = \alpha_i \circ (\pi_i|Z_i) \circ (\bar{\varphi}|Z_{i+1}) =_{\mathrm{st}^2\mathcal{U}} p_{m_i m_{i+1}}|Z_{i+1} = p_{m_i m_{i+1}} \circ \alpha_{i+1}$$

が成り立つ。このことと (5.11) から (d) が満たされる。

(c) を確かめるため，$x_{i+1} \in K_{i+1}$ に対して $x_i = p_{m_i m_{i+1}}(x_{i+1})$ とおくと，(5.13) から $q_{ii+1}(\alpha_{i+1}^{-1}(\mathrm{st}(x_{i+1}, \tau_{i+1}))) \subset \alpha_i^{-1}(\mathrm{st}^2(x_i, \tau_i))$. 星状近傍の可縮性と胞体近似定理から

(∗)　包含写像 $\mathrm{st}(x_{i+1}, \tau_{i+1})^{(n)} \hookrightarrow \mathrm{st}(x_{i+1}, \tau_{i+1})^{(n+1)}$ は零ホモトピック

である。定理 5.29 から

$$\mathrm{EW}_{\mathbb{Z}}(K_i, n)^{(n+1)} = \mathrm{EW}_{\mathbb{Z}}(K_i, n)^{(n)} = (K_i, \tau_i)^{(n)}$$

より，$\pi_i \circ \bar{\varphi}(\mathrm{st}(x_{i+1}, \tau_{i+1})^{(n+1)}) \subset Z_i$ が成り立つ。$\alpha_{i+1}^{-1}(\mathrm{st}(x_{i+1}, \tau_{i+1})) = \mathrm{st}(x_{i+1}, \tau_{i+1})^{(n)}$ であるから，$q_{ii+1}|\alpha_{i+1}^{-1}(\mathrm{st}(x_{i+1}, \tau_{i+1}))$ を以下のように分解し：

$$q_{ii+1}| : \alpha_{i+1}^{-1}(\mathrm{st}(x_{i+1}, \tau_{i+1})) \hookrightarrow \mathrm{st}(x_{i+1}, \tau_{i+1})^{(n+1)} \to \alpha_i^{-1}(\mathrm{st}^2(x_i, \tau_i))$$

(∗) を用いれば，$q_{ii+1} \simeq 0$ がわかる。各 $j \le i$ に対して $q_{j\,i+1} = q_{jj+1} \cdots q_{ii+1}$ と置けば (c) が成り立つ。以上で帰納法のステップが終わり，定理が証明できた。　　　　□

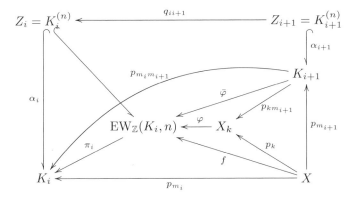

本節の最後に，Dranishnikov[41], Dydak-Walsh[49] による有限整数係数コホモロジー次元を持つ無限次元コンパクト距離空間の構成について簡単に触れる。

◇**定理 5.33**[41], [49]   次を満たすコンパクト距離空間 X が存在する：

$$\dim_{\mathbb{Z}} X = 2, \quad \dim X = \infty.$$

◇**系 5.34**   2 次元コンパクト距離空間 Z から無限次元コンパクト距離空間 X への cell-like 写像が存在する。

 構成の概要. 求める空間はコンパクト多面体の射影極限 $X = \varprojlim(P_i, p_{ij})$ として構成される。$P_1 = S^3$ から始めて Edwards-Walsh resolution を用いて P_i を帰納的に構成し，命題 5.31 を用いて $\dim_{\mathbb{Z}} X \leq 2$ が成り立つように構成できたとする。$\dim X = \infty$ であることを示すためには，定理 5.6 から，$\dim X \geq 3$ を示せば十分で，そのためには零ホモトピックでない連続写像 $f : X \to S^3$ が存在することを証明すればよい。そのために P_i と p_{ij} を，任意の $i \geq 1$ に対して

$$p_{1i} = p_{12} \circ p_{23} \circ \cdots p_{i-1i} \text{ は零ホモトピックでない}$$

ように構成する。任意の i に対して p_{1i} が零ホモトピックでないことを示すために，ホモトピー不変な関手 $h : \mathcal{CW} \to \mathbf{Ab}$ で $h(p_{ii+1}) : h(P_{i+1}) \to h(P_i)$ が非自明であるものを用いる。Dranishnikov は K 理論 $K(\cdot, \mathbb{Z}/p)$ に関する Zabrosky の計算結果を用いた。それに対して Dydak-Walsh は関手

$$X \mapsto [X, \Omega^r S^n]$$

に対して Miller による Sullivan 予想の肯定解を用いた。詳細は [49] 参照。

5.6   局所可縮性，Gromov-Hausdorff 極限と cell-like 写像

 Grove-Petersen-Wu[69] は，彼らの有限性定理の証明の過程で以下の極限定理を示した。

◆**定義 5.35**   (1) （連続とは限らない）関数 $\rho : [0, R] \to [0, \infty)$ が，$\rho(0) = \lim_{t \to 0} \rho(t) = 0$ かつ $\rho(t) \geq t$ を満たすとき，ρ を **local contractibility function** と呼ぶ。

(2) local contractibility function ρ に対し，LC^n 距離空間 (X, d)（定義 4.6）が以下の条件を満たすとき，$X \in \mathrm{LGC}^n(\rho)$ と表す: $i = 0, \ldots, n$ および任意の $\varepsilon \in (0, R]$ と任意の $\alpha : S^i \to X$ で $\mathrm{diam}_d(\mathrm{im}\,\alpha) < \varepsilon$ を満たすものに対して，α の拡張 $\bar{\alpha} : D^{i+1} \to X$ が $\mathrm{diam}_d(\mathrm{im}\,\bar{\alpha}) < \rho(\varepsilon)$ を満たすように存在する。

(3) 関数 $N : (0, a] \to [0, \infty)$ が距離空間 (Y, d) の**被覆関数**であるとは，任意の $\varepsilon \in (0, a]$ に対して Y が $N(\varepsilon)$ 個以下の ε 球で被覆できることとする。

◇ **定理 5.36** [69] ρ を local contractibility function とする．コンパクト距離空間の列 $((X_i, d_i))_{i \geq 1}$ がコンパクト距離空間 X に Gromov-Hausdorff 収束（定義 2.37）するとする．以下を満たす関数 $N : [0, a) \to [0, \infty)$ が存在して，任意の X_i は N を被覆関数として持つとする:

$$(*) \quad \limsup_{\varepsilon \to 0} \frac{N(\varepsilon)}{\varepsilon^n} < \infty.$$

このとき $\dim X \leq n$ かつ $X \in \mathrm{LGC}^n(\rho)$。

$(*)$ は極限空間 X の Hausdorff 次元を上から評価するための仮定でありやや技術的である。一方で定理 5.33 から，被覆関数に関する仮定を，より自然に見える「$\dim X_i \leq n, \forall i$」に置き換えることができないことがわかる。なぜなら 5.4 節で述べたように $n (\geq 5)$ 次元球面から無限次元コンパクト距離空間 X への cell-like 写像 $f : S^n \to X$ が存在し，以下の命題 (1) から local contractibility function ρ と，$\mathrm{LGC}^n(\rho)$ に属しかつ S^n と位相同型な距離空間の列が X に Gromov-Hausdorff 収束するからである。

◇ **命題 5.37** [95]

(1) $f : M \to X$ をコンパクト n 次元 ANR 空間 M からコンパクト距離空間 X への cell-like 写像とする。このときコンパクト距離空間の列 (M_i, d_i) と X 上の距離 d, local contractibility function ρ が以下の様に存在する: M_i は M と位相同型で，$(M_i, d_i) \in \mathrm{LGC}^n(\rho)$ かつ $\lim_{i \to \infty} d_{GH}((M_i, d_i), (X, d)) = 0$。

(2) 逆に local contractibility function ρ とコンパクト距離空間の列 (X_i, d_i) が，$\dim X_i \leq n$ かつ $X_i \in \mathrm{LGC}^n(\rho)$ を満たすように与えられたとする。もし $\lim_{i \to \infty} d_{GH}(X_i, X) = 0$ なら，n 次元以下のコンパクト距離空間 Z と cell-like 写像 $f : Z \to X$ が存在する。

(1) の証明の概要 f の写像柱 M_f（定義 2.38）は距離化可能だからその上の距離 D を一つ固定する。$q : M \times [0,1] \amalg X \to M_f$ を標準射影として $M_t = q(M \times \{t\})$ とおく。$d = D|X, d_t = D|M_t$ とする。系 4.39 から X は LC^∞ だから，X 上の local contractibility function ρ_X が存在する。定理 4.38 を用いると $t_0 < 1$ を十分 1 に近くとれば，任意の $t \in [t_0, 1)$ に対して $M_t \in \mathrm{LGC}^n(\rho_X)$ を示すことができる。$[0, t_0]$ のコンパクト性を用いれば，local contractibility function σ を $M_t \in \mathrm{LGC}^n(\sigma), \forall t \in [0, t_0]$ が成り立つように見つけることができる。$\rho = \max(\rho_X, \sigma)$ が求める関数である。(2) の証明も幾何学的で興味深いがここでは省略する。   □

6

位相多様体の特徴づけと
Cell-like 写像

　（位相）多様体のトポロジーを研究する際に，ある空間が多様体かどうかが非自明な問題であることがある。

　M を単連結でない3次元多様体で S^3 と同じホモロジーを持つ空間（ホモロジー球面）とする。M の懸垂 ΣM は多様体でない。懸垂点におけるリンクが M と同相で，したがって単連結でないからである。この障害は2重懸垂 $\Sigma^2 M$ をとることで解消される。では $\Sigma^2 M$ は位相多様体か？ もしそうであれば $\Sigma^2 M$ が S^5 と位相同型であることが従う。この問題は2重懸垂予想と呼ばれ (Milnor 1968)，Cannon, Edwards により肯定的に解決された (1975-1979)。

　M, N が位相多様体であれば $M \times N$ も位相多様体であるが，逆は一般に成り立たない。R.H. Bing は多様体でない X で $X \times \mathbb{R}$ が $\mathbb{R}^4$ と同相であるものを構成した（Bing の dogbone space, 1957）。どの様な条件の下で位相多様体の直積因子がまた位相多様体であるか？

　このようにして位相多様体の特徴づけ問題 (the manifold recognition problem) は幾何学的トポロジーの中心的課題の一つとして研究されてきた。Edwards の定理（定理 6.2）によって5次元以上の位相多様体の特徴づけ問題については満足のいく結果が得られている。残念ながら本書でこの定理の十分な解説をすることができない。本章ではその概略およびいくつかの基本定理の説明を行うにとどめる。以下第1–3節の記述の殆どが，優れた教科書 [34] によるものである。

6.1　ホモロジー多様体と Cannon-Edwards-Quinn の定理

　ここでの問題は，多様体と同じホモロジー/ホモトピー的データを持つ空間の
クラスの中で位相多様体を特徴づけることである。まず以下の定義を与える。

◆**定義 6.1**　以下の条件を満たす局所コンパクト可分距離空間 X を n 次元
ANR ホモロジー多様体という。

(1)　X は有限次元 ANR 空間である。

(2)　X の任意の点 $x \in X$ に対して，同型

$$\mathrm{H}_*(X, X \setminus x) \cong \mathrm{H}_*(\mathbb{R}^n, \mathbb{R}^n \setminus \mathbf{0})$$

　が成り立つ。但し $\mathrm{H}_*(\cdot, \cdot)$ は整数係数特異ホモロジー群を表す。

　「境界を持つ ANR ホモロジー多様体」を定義することもでき，上の X を「境
界のない ANR ホモロジー多様体」ということもある。X は ANR 空間である
から局所可縮である。また n 次元 ANR ホモロジー多様体は被覆次元 n を持つ
ことが知られている。

位相多様体の特徴づけ問題. ANR ホモロジー多様体が位相多様体であるため
の（できるだけチェックしやすい）必要十分条件を与えよ。

　Edwards によって与えられた解答が以下の定理である。

◇**定理 6.2** [57]　$n \geq 5$ とする。n 次元 ANR ホモロジー多様体 X が n 次元位
相多様体であるための必要十分条件は，X が次の 2 条件を満たすことである：

(1)　n 次元位相多様体 M と cell-like 写像 $f : M \to X$ が存在する。

(2)　X は **DDP**(disjoint disks property) を持つ，即ち 2 次元円板 D からの
任意の二つの写像 $\alpha, \beta : D \to X$ と任意の $\varepsilon > 0$ に対して，$\alpha', \beta' : D \to X$
が $\alpha' =_\varepsilon \alpha$, $\beta' =_\varepsilon \beta$, $\alpha'(D) \cap \beta'(D) = \emptyset$ を満たすよう存在する。

　$n \leq 2$ なら n 次元 ANR ホモロジー多様体は位相多様体である (Wilder)。
境界のない 4 次元以上の ANR ホモロジー多様体が (1) を満たすかどうかは
Quinn の local index と呼ばれる整数によって判定できる ([102], [103], [104])。

未解決問題. 全ての 3 次元 ANR ホモロジー多様体は (1) を満たすか？

(i) 　上の問題の肯定解は 3 次元ポアンカレ予想（定理）を導く。

(ii) 　(1) を満たす 3 次元 ANR ホモロジー多様体が位相多様体であるための必要十分条件は，SSAP と呼ばれる一般の位置に関する性質を持つことである（[36]）。

(iii) 　3 次元ホモロジー多様体 X が RSAP(Relative Simplicial Approximation Property) と呼ばれる性質を持てば，X は 3 次元多様体である（[37]）。

　定理 6.2 の証明はかなり複雑で，ここではごく簡単な粗筋を示すことしかできない。perfect 写像 $f : M \to X$ に対して，f の各ファイバー $f^{-1}(x)$ をそれぞれ 1 点に縮めてできる M の商空間 $M/[f^{-1}(x), x \in X]$ は X と同相である。このことを踏まえて以下の定義をおく。

◆ **定義 6.3**　局所コンパクト可分距離空間 M の**上半連続分割** $\mathcal{G}$(an upper semicontinuous decomposition) とは，以下の条件を満たす M の部分集合族である。

(1) 　$\mathcal{G}$ の各元は M のコンパクト部分集合である。

(2) 　$\mathcal{G}$ は M の分割である，即ち $M = \bigcup_{g \in \mathcal{G}} g$ かつ
$g \neq h \in \mathcal{G} \Rightarrow g \cap h = \emptyset$.

(3) 　任意の $g \in \mathcal{G}$ の任意の開近傍 U に対して，以下を満たす開近傍 $V \subset U$ が存在する：
$$h \cap V \neq \emptyset, h \in \mathcal{G} \Rightarrow h \subset U.$$

　M の上半連続分割 $\mathcal{G}$ の各元 g を 1 点に縮めて得られた商空間を $M/\mathcal{G}$ と表し，M の $\mathcal{G}$ による**分割空間** (decomposition space) という。M から $M/\mathcal{G}$ への標準射影を $\pi : M \to M/\mathcal{G}$ とする。$M/\mathcal{G}$ も局所コンパクト可分距離空間であり，$\pi : M \to M/\mathcal{G}$ は perfect 写像である。逆に局所コンパクト可分距離空間の間の perfect 写像 $f : M \to X$ が与えられたとき $\mathcal{G}_f = \{f^{-1}(x) \mid x \in X\}$ は M の上半連続分割を与える。

　$g \in \mathcal{G}$ の近傍で $\pi^{-1}(V)$（V は $\pi(g)$ の近傍）の形のものを $\mathcal{G}$-**saturated** 近

傍という。M の上半連続分割 $\mathcal{G}$ に対して $\mathcal{H}_G = \{ g \in \mathcal{G} \mid g \neq 1$ 点集合 $\}$ とおき，$N_{\mathcal{G}} = \bigcup_{g \in \mathcal{H}_G} g$ と定める。perfect 写像 $f : M \to X$ に対して

$$N_f := N_{\mathcal{G}_f} = \bigcup \{ f^{-1}(x) \mid f^{-1}(x) \neq 1 \text{ 点集合} \} \tag{6.1}$$

とおく。

◆ **定義 6.4**　M の上半連続分割 $\mathcal{G}$ が **shrinkable** であるとは，$\pi : M \to M/\mathcal{G}$ が定理 2.12 の条件を満たすこと，即ち任意の $\varepsilon > 0$ に対して，M の同相写像 $\theta : M \to M$ が

(i)　$\operatorname{diam} \theta(g) < \varepsilon,\ \forall g \in \mathcal{G}$, かつ

(ii)　$\pi \circ \theta =_\varepsilon \pi$

を満たすように存在することである。

定理 2.12 から π は near-homeomorphism であり，特に M は $M/\mathcal{G}$ と位相同型である。

6.2　Star-like 集合に対する shrinking 定理

Edwards の議論の原型をなす shrinking 定理を述べるために用語を準備しよう。ユークリッド空間 $\mathbb{R}^n$ の部分集合 A が **star-like** であるとは以下を満たす点 $c \in A$（A の**中心点**と呼ぶ）が存在することである：

$$0 \leq t \leq 1, a \in A \Rightarrow ta + (1-t)c \in A.$$

凸集合は star-like である。$\mathbb{R}^n$ の位相同型写像 $\theta : \mathbb{R}^n \to \mathbb{R}^n$ で $\theta(B)$ が star-like であるようなものが存在するとき，B は **star-like equivalent** であるという。次の定理とその証明において，d はユークリッド標準距離とする。

◇ **定理 6.5** [34, Chap.II, 8, Theorem 6]　$\mathcal{G}$ はユークリッド空間 $\mathbb{R}^n$ の上半連続分割で，次の 2 条件を満たすとする：

(1)　$\mathcal{G}$ の各元は star-like equivalent である，

(2)　任意の $\varepsilon > 0$ に対して, $\{g \in \mathcal{G} \mid \mathrm{diam}_d\, g \geq \varepsilon\}$ は有限族である.

このとき $\mathcal{G}$ は shrinkable である.

上の (2) の条件を満たす集合族 $\mathcal{G}$ は「**null-sequence** をなす」と呼ばれる. このとき $\mathcal{H}_\mathcal{G}$ は可算集合である. 以下の証明は [34] に従う. $\mathcal{G}$ の元 g を一つ固定し, g を縮めることを考えよう. $\mathbb{R}^n$ の同相写像を合成することにより, 初めから g は star-like であるとしてよい. g の中心点を c とする. 自然なアイディアは, g の各点 p と c を結ぶ線分 $\overline{pc}$ に沿って g を c の近くに縮めることである. 問題は, そのような同相写像 $\theta : \mathbb{R}^n \to \mathbb{R}^n$ の取り方によっては, g に近い $\mathcal{G}$ の元 h に対する $\theta(h)$ の直径が大きくなりうる点にある. そのようなことが起きないよう, g を「少しずつ」縮めることが証明のアイディアである. まず初等幾何学的議論によって次を示すことができる. 証明は省略する.

◇ **補題 6.6** [34, Chap.II, 8, Lemma 3]　X をユークリッド空間 $\mathbb{R}^n$ の star-like 集合, a をその中心とする. $\delta > 0$ に対して $S(X; \delta) = \{p \in \mathbb{R}^n \mid d(p, a) = \delta\}, B(X, \delta) = \{p \in \mathbb{R}^n \mid d(p, a) \leq \delta\}$ とおく.

(1)　a から出る任意の半直線 R に対して, $R \cap S$ はただ一点からなる.

(2)　$S(X; \delta)$ は $(n-1)$ 次元球面であり, $B(X; \delta)$ は n 次元球体である.

$\mathbb{R}^n$ の部分集合 K に対して $N(K, \delta) = \{p \in \mathbb{R}^n \mid d(p, K) < \delta\}$ とおく. 次の補題は $\mathcal{G}$ の一つの元 g_0 を縮める操作を記述している.

◇ **補題 6.7** [34, Chap.II, 8, Lemma 4-5]　$\mathcal{G}$ を $\mathbb{R}^n$ の上半連続分割で null-sequence をなすとする. $g_0 \in \mathcal{H}_\mathcal{G}$ は star-like とする. このとき任意の $\delta > 0$ に対して次を満たす同相写像 $F : \mathbb{R}^n \to \mathbb{R}^n$ が存在する.

(1)　$F|\mathbb{R}^n \setminus N(g_0 : \delta) = \mathrm{id}$,

(2)　$\mathrm{diam}\, F(g_0) < \delta$,

(3)　任意の $g \in \mathcal{H}_\mathcal{G} \setminus \{g_0\}$ に対して $F(g) = g$ または $\mathrm{diam}\, F(g) < \delta$ のいずれかが成り立つ.

証明　**第 1 段.**　X を $\mathbb{R}^n$ の star-like 集合, x_0 をその中心点とする. $\delta > 0$ に

対して, B を x_0 を中心とする球体で $X \subset N(B, \delta)$ と仮定する。X の開近傍 U に対して同相写像 $f : \mathbb{R}^n \to \mathbb{R}^n$ で以下を満たすものが存在することを示す:

(1) $f|\mathbb{R}^n \setminus (U \cap N(B; \delta)) = \mathrm{id}$,

(2) $f(X)$ は x_0 を中心とする star-like 集合でかつ $f(X) \subset B$,

(3) $f =_\delta \mathrm{id}$.

証明. $\alpha_1 > 0$ を $N(X, \alpha_1) \subset U \cap N(B, \delta)$ を満たすように取り, $\alpha_2 = \alpha_1/2$ とおく。$Z_1 = S(X, \alpha_1), Z_2 = S(X, \alpha_2)$ とおくと, Z_j は補題 6.6 の (1), (2) を満たす。x_0 から出る半直線 R に対して, $\{q_R\} = Z_1 \cap R, \{p_R\} = Z_2 \cap R, \{p'_R\} = \partial B \cap R$ とおく。p_R は x_0 と q_R の間にあり, また p'_R の位置は B と α_1 に依存する。R 上の区分線型同相写像 $f_R : R \to R$ を以下のように定める。$R = [x_0, \infty)$ と表記して:

(a) $f_R(x_0) = x_0, f_R|[q_R, \infty) = \mathrm{id}_{[q_R, \infty)}$,

(b) $f_R(p_R) = \begin{cases} p'_R & p'_R \in [x_0, p_R) \text{ のとき} \\ p_R & p'_R \in [p_R, \infty) \text{ のとき,} \end{cases}$

(c) f_R は上の (a),(b) を満たす自然な区分線型拡張.

R を動かして $f = \bigcup_R f_R : \mathbb{R}^n \to \mathbb{R}^n$ とおくと, f が求める同相写像である (図 6.1 参照)。   **第 1 段証明終**

第 2 段. 補題を証明するため, a を g_0 の中心点とする。$k > 0$ を $g_0 \subset N(a; k\delta/3)$ を満たす最小の正の整数とする。$\mathcal{H}_\mathcal{G}$ が null-sequence をなすことと $\mathcal{G}$ の上半連続性を用いて, g_0 の開近傍 U_1 を

$$g \in \mathcal{H}_\mathcal{G} \setminus \{g_0\}, g \cap U_1 \neq \emptyset \Rightarrow \mathrm{diam}\, g < \frac{\delta}{3}$$

を満たすように取れる。第 1 段を $B = N(a, (k-1)\frac{\delta}{3}), U = U_1$ として用いれば, 同相写像 f_1 を以下の様にとることができる。

(1.1) $f_1|\mathbb{R}^n \setminus (U_1 \cap N(a, k\delta/3)) = \mathrm{id}$,

(1.2) $f_1(g_0)$ は a を中心とする star-like 集合で
$$f_1(g_0) \subset g_0 \cap N(a, (k-1)\frac{\delta}{3}),$$

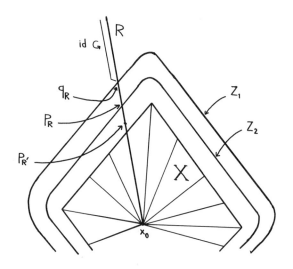

図 **6.1**　star-like 集合の shrinking $(p'_R \in (x_0, p_R)$ のとき$)$

(1.3)　　$f_1 =_{\delta/3}$ id.

帰納的に $f_1, \ldots, f_{j-1} (j \leq k-1)$ が定まったとして, star-like 集合 $f_{j-1}f_{j-2}\cdots f_1(g_0)$ の開近傍 U_j を, $U_j \subset U_{j-1}$ かつ

$$g \in \mathcal{H}_{\mathcal{G}} \backslash \{g_0\}, f_{j-1}f_{j-2}\cdots f_1(g_0) \cap U_j \neq \emptyset \Rightarrow \operatorname{diam} f_{j-1}f_{j-2}\cdots f_1(g) < \delta/3$$

を満たすように取る。再び第 1 段を用いて同相写像 f_j を以下のように選ぶ。

(j.1)　　$f_j|\mathbb{R}^n \backslash (U_j \cap N(a, (k-j+1)\frac{\delta}{3})) = $ id,

(j.2)　　$f_j f_{j-1} \cdots f_1(g_0)$ は a を中心とする star-like 集合で
　　　　$f_j f_{j-1} \cdots f_1(g_0) \subset f_{j-1} \cdots f_1(g_0) \cap N(a, (k-j)\frac{\delta}{3})$,

(j.3)　　$f_j =_{\delta/3}$ id.

$g \in \mathcal{H}_{\mathcal{G}} \backslash \{g_0\}$ に対して以下に注意する：

(∗)　$f_{j-1}\cdots f_1(g) \cap U_j = \emptyset$ ならば, $\ell \geq j$ に対して
　　　　$f_\ell \cdots f_j f_{j-1} \cdots f_1(g) = f_{j-1} \cdots f_1(g) \subset \mathbb{R}^n \backslash U_j$.

$F = f_{k-1} \circ f_{k-2} \circ \cdots \circ f_1 : \mathbb{R}^n \to \mathbb{R}^n$ が求める同相写像であることを示す。

(1) は条件 ((k-1).1) から，(2) は条件 ((k-1).2) から従う．(3) を確かめるため，$g \in \mathcal{H}_\mathcal{G}$ をとり，場合に分けて考える．

(i) もし $g \cap U_1 = \emptyset$ なら $F(g) = g$. 以下 $g \cap U_1 \neq \emptyset$ とする．

(ii) ある $j = 1, \ldots, k-1$ に対して $f_j f_{j-1} \cdots f_1(g) \cap U_{j+1} = \emptyset$ として，j をそのような最小の整数とする．$f_{j-1} \cdots f_1(g) \cap U_j \neq \emptyset$ だから，U_j の取り方から diam $f_{j-1} \cdots f_1(g) < \delta/3$. (j.3) から diam $f_j f_{j-1} \cdots f_1(g) < \delta$. (*) から $\ell \geq j+1$ に対して $f_\ell \cdots f_j \cdots f_1(g) = f_j \cdots f_1(g)$ だから，$F(g) = f_{k-1} \cdots f_{j-1} \cdots f_1(g)$ の直径は δ 未満である．

(ii) 任意の $j = 1, \ldots, k-1$ に対して $f_{j-1} \cdots f_1(g) \cap U_j \neq \emptyset$ なら (ii) の議論を $j = k-2$ に適用して diam $F(g) < \delta$ を得る．

以上で補題が証明された．   □

定理 6.5 は上の補題における shrinking を繰り返して行うことで証明される．反復操作を記述しているのが次の命題である．

◇ **定理 6.8** [34, Chap. II, 7, Theorem 5] $\mathcal{G}$ を局所コンパクト可分距離空間 X の上半連続分割で $\mathcal{H}_\mathcal{G}$ は可算集合，かつ任意の $g_0 \in \mathcal{H}_\mathcal{G}$ と任意の $\varepsilon > 0$ に対して以下を満たす同相写像 $h : X \to X$ が存在するとする：

(1) $h|X \setminus N(g_0; \varepsilon) = \mathrm{id}$,

(2) diam $h(g_0) < \varepsilon$,

(3) $g \in \mathcal{H}_\mathcal{G} \setminus \{g_0\}$ なら，diam $h(g) < \varepsilon$ または $h(g) = g$ のいずれかが成り立つ．

このとき $\mathcal{G}$ は shrinkable である．

証明 議論を簡単にするため，X をコンパクトと仮定して証明する．以下 X の距離を固定する．

第 1 段． $f : X \to X$ を同相写像とする．任意に与えられた $\varepsilon > 0$ に対して $\delta > 0$ を diam $A < \delta \Rightarrow$ diam $f(A) < \varepsilon$ を満たすようにとり，仮定の $h : X \to X$ を δ に対してとって $f' = f \circ h$ とおけば f' は次を満たす：

(1) $f'|X \setminus N(g_0; \varepsilon) = f|X \setminus N(g_0; \varepsilon)$,

(2)　$\operatorname{diam} f'(g_0) < \varepsilon$,

(3)　任意の $g \in \mathcal{G}$ に対して $\operatorname{diam} f'(g) < \operatorname{diam} f(g) + \varepsilon$ が成り立つ。

第 2 段. $\varepsilon > 0$ を任意にとる。直径が $\varepsilon/2$ 以上の $\mathcal{G}$ の元全体 $\mathcal{H}_{\mathcal{G}}(\varepsilon/2) = \{g \in \mathcal{G} \mid \operatorname{diam} g \geq \varepsilon/2\}$ を並べて，$g_1, g_2, \ldots$ とする。$N_{\mathcal{G}}(\varepsilon/2) = \bigcup \mathcal{H}_{\mathcal{G}}(\varepsilon/2)$ は S の閉集合である。各 g_i の $\mathcal{G}$−saturated 近傍（定義 6.3 の後参照）U_i を「$\operatorname{diam} \pi(U_i) < \varepsilon$」かつ「$U_i \cap U_j = \emptyset$ または $U_i = U_j$」を満たすようにとる。$h_0 = \operatorname{id}_X$ とおき，第 1 段を用いて X 上の同相写像 h_1 を

(1.1)　$h_1|X \setminus U_1 = \operatorname{id}$,

(1.2)　$\operatorname{diam} h_1(g_1) < \varepsilon/4$,

(1.3)　$\operatorname{diam} h_1(g) < \operatorname{diam} g + \frac{\varepsilon}{4}, \quad \forall g \in G$

を満たすように取る。g_1 の $\mathcal{G}$-saturated 閉近傍 Q_1 を

(1.4)　$g \subset Q_1 \Rightarrow \operatorname{diam} h_1(g) < \varepsilon$

が成り立つように小さくとる。同相写像 $h_1, \ldots, h_j$ と，$g_1, \ldots, g_j$ の $\mathcal{G}$-saturated 閉近傍 $Q_1, \ldots, Q_j$ が $Q_j \subset U_j$ かつ以下を満たすようにとれたとしよう。

(j.1)　$h_j|X \setminus U_j = h_{j-1}|X \setminus U_j$,

(j.2)　$\operatorname{diam} h_j(g_j) < \varepsilon$,

(j.3)　$\operatorname{diam} h_j(g) < \operatorname{diam} g + (1 - \frac{1}{2^j})\frac{\varepsilon}{2} \quad \forall g \in \mathcal{G}$,

(j.4)　$h_{j+1}|Q_1 \cup \cdots \cup Q_j = h_j|Q_1 \cup \cdots \cup Q_j$,

(j.5)　$g \subset Q_j \Rightarrow \operatorname{diam} h_j(g) < \varepsilon$,

(j.6)　$\operatorname{diam} h_{j-1}(g_j) < \varepsilon \Rightarrow h_j = h_{j-1}$.

このとき (j.4), (j.5), (j.6) から

(j.7)　$g \subset Q_1 \cup \cdots \cup Q_j \Rightarrow \operatorname{diam} h_j(g) < \varepsilon$

が成り立つ。

実際，もしも $g \subset Q_1 \cup \cdots \cup Q_j$ かつ $\operatorname{diam} h_j(g) \geq \varepsilon$ なら，(j.5) と Q_j が $\mathcal{G}$-saturated であることから，$g \cap Q_j = \emptyset$. よって $g \subset Q_1 \cup \cdots \cup Q_{j-1}$ で，(j.4) から $h_{j-1}(g) = h_j(g)$ が成り立つ。(j.5) から $g \cap Q_{j-1} = \emptyset$ だから

$g \subset Q_1 \cup \cdots \cup Q_{j-2}$ が成り立つ。これを繰り返すと $g \subset Q_1$ かつ $h_1(g) = h_j(g)$ が得られて，$h_1(g)$ の直径が ε より大きいことがわかる。これは (1.4) に反するから (j.7) が示された。

そこで g_{j+1} に対して h_{j+1} と $\mathcal{G}$-saturated 近傍 Q_{j+1} を次のように決める。もし $\mathrm{diam}\, h_j(g_{j+1}) < \varepsilon$ ならば $h_{j+1} = h_j$ とする。そうでなければ (j.7) と Q_j が $\mathcal{G}$-saturated であることから，$g_{j+1} \cap \bigcup_{i=1}^{j} Q_i = \emptyset$ である。g_{j+1} の，U_{j+1} よりも小さい $\mathcal{G}$-saturated 近傍 V_{j+1} を，$\bigcup_{i=1}^{j} Q_i$ と交わらないようにとり，$\beta > 0$ を $N(g_{j+1}; \beta) \subset V_{j+1}$ を満たすようにとって，第 1 段から h_{j+1} を

(i)　$h_{j+1}|(X \setminus U_{j+1}) \cup \bigcup_{i=1}^{j} Q_i = h_j|(X \setminus U_{j+1}) \cup \bigcup_{i=1}^{j} Q_i,$

(ii)　$\mathrm{diam}\, h_{j+1}(g_{j+1}) < \varepsilon/2^{j+2},$

(iii)　$\mathrm{diam}\, h_{j+1}(g) < \mathrm{diam}\, h_j(g) + (\varepsilon/2^{j+2}) \quad \forall g \in G$

が成り立つようにとる。Q_{j+1} を $g \subset Q_{j+1} \Rightarrow \mathrm{diam}\, h_{j+1}(g) < \varepsilon$ が成り立つように小さくとれば，((j+1).1)-((j+1).7) が満たされる。

X がコンパクトと仮定したから $N_{\mathcal{G}}(\varepsilon/2)$ もコンパクト，よってある k に対して $N_{\mathcal{G}}(\varepsilon/2) \subset \bigcup_{i=1}^{k} Q_i$ とできる。$h = h_k$ とおけば，h は $\mathcal{H}_{\mathcal{G}}(\varepsilon/2)$ の元をそれぞれ ε より小さく縮めている。$g \in \mathcal{G} \setminus \mathcal{H}_{\mathcal{G}}(\varepsilon/2)$ に対しては，(j.3) を使うことで $\mathrm{diam}\, h(g) < \varepsilon$ がわかる。よって h が求める shrinking homeomorphism である。　　　　　　　　　　　　　　　　　　　　□

6.3　1-LCC 条件と DDP

定理 6.2 に登場した DDP (disjoint disks property) は，一般の位置に関する性質である。定理の証明中においてこの性質が果たす役割について説明するため，以下の定義を与える。

◆ **定義 6.9**　M を局所コンパクト ANR, K を M の閉集合, $p \in K$ とする。

(1)　K が p において **0-LCC** であるとは，p の任意の近傍 U に対して p の近傍 $V \subset U$ が，$V \setminus K$ の任意の 2 点が $U \setminus K$ 内の弧で結べるように存在することである。

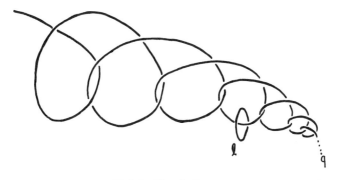

図 **6.2** Fox-Artin arc

(2) K が p において **1-LCC** であるとは，p の任意の近傍 U に対して，p の近傍 $V \subset U$ が，任意のループ $f : S^1 \to V \setminus K$ は $U \setminus K$ で零ホモトピックであるように存在することである。

(3) K の各点において 0-LCC (resp. 1-LCC) であるとき，K を M で 0-LCC(resp. 1-LCC) であるという。

◆ **例 6.10**   (1) M を n 次元 PL 多様体，C を M の閉部分集合，K を M の PL 構造に関する部分多面体とする。$\dim C \leq n - 2$ なら C は 0-LCC である。$\dim K \leq n - 3$ なら K は 1-LCC である。

(2)   Fox-Artin arc $\alpha \subset S^3$ はその端点 q （図 6.2 参照）について 1-LCC でない。図に示したループ ℓ は，q の近くで α と交わらないようにして 1 点に縮めることができないからである。

これらのことから 1-LCC 条件は部分集合の "tameness" に関わることが想像される。定理 6.2 において DDP の果たす役割は次の定理に示されている。

◇ **定理 6.11**[34, Chap. IV, 24, Proposition 1]   局所コンパクト可分 ANR 空間 X に対して，以下の 2 条件は同値である。

(1) X は DDP を持つ。

(2)   任意のコンパクト 2 次元多面体 P から X への任意の連続写像 $\mu : P \to X$ と任意の $\varepsilon > 0$ に対して，以下の様な $\lambda : P \to X$ が存在する：

(2.1) λ は埋め込みでかつ $\lambda =_\varepsilon \mu$,

(2.2) $\lambda(P)$ は X の中で 0-LCC かつ 1-LCC.

$C(P,X), \mathcal{E}(P,X)$ でそれぞれ P から X への連続写像全体および埋め込み全体のなす距離空間を表す。以下 2 次元円板を D で表す。簡単のため，「$f \fallingdotseq g$」と書いたら「f と g はいくらでも近くなるように構成できる」ことを意味することとする。次の補題から始めよう。

◇ **補題 6.12**　X を局所コンパクト ANR, $\{\alpha_i\}_{i \geq 1}$ を $C(D,X)$ の可算稠密集合とする。X の閉集合 A が

$$A \cap \bigcup_{i=1}^{\infty} \alpha_i(D) = \emptyset$$

を満たすなら，A は X で 1-LCC である。

証明　$a \in A$ の近傍 U に対して，a の近傍 $V \subset U$ を包含写像 $V \hookrightarrow U$ が零ホモトピックであるようにとる（系 4.5）。V が 1-LCC 条件を満たす近傍であることを確かめるため，$f : \partial D \to V \setminus A$ を任意にとり，その拡張 $F : D \to U$ を一つ選ぶ。仮定を用いて F の近似 $\alpha_i : D \to X \setminus A$ を $\alpha_i(D) \subset U$ かつ

$$\alpha_i|\partial D \simeq f : \partial D \to U \setminus A$$

が成り立つようにとると，$\alpha_i|\partial D$ は ∂D から $U \setminus A$ への写像として零ホモトピックだから $f \simeq \alpha_i|\partial D \simeq 0 : \partial D \to U \setminus A$ を得る。　　　　□

定理 6.11 の証明　ここでは (1) $\Rightarrow$ (2) のみを証明しよう。(2) $\Rightarrow$ (1) の証明は [34] 参照。

第 1 段.　まず任意の連続写像 $P \to X$ が埋め込みで近似されることを示す。P に含まれる円板の組からなる可算族 $\mathcal{D} = \{(D_k, E_k) \mid D_k, E_k$ は P 内の円板, $D_k \cap E_k = \emptyset\}$ を

(*)   任意の $p \neq q$ に対して，$p \in D_k, q \in E_k$ を満たす k が存在する

ようにとる。各 k に対して $\mathcal{E}_k$ を

$$\mathcal{E}_k = \{\mu \in C(P,X) \mid \mu(D_k) \cap \mu(E_k) = \emptyset\}$$

とおくと, $\mathcal{E}(P, X) = \bigcap_{k=1}^{\infty} \mathcal{E}_k$ と表せる.

各 $\mathcal{E}_k$ は $C(P, X)$ の開集合である. $\mathcal{E}_k$ が稠密集合であることを示そう. そのため $\mu \in C(P, X)$ に対して, (1) から $\mu | D_k \cup E_k$ の近似写像 $\lambda : D_k \cup E_k \to X$ を $\lambda(D_k) \cap \lambda(E_k) = \emptyset$ を満たすように取る. X が ANR だから, ホモトピー拡張定理 (定理 4.9) とその証明により, μ の近似写像 $\mu' : P \to X \fallingdotseq \mu$ で $\mu' | D_k \cup E_k = \lambda$ を満たすものが存在する. λ を $\mu | D_k \cup E_k$ に十分近く取れば, μ' は μ のいくらでも近くに取れる. したがって $\mathcal{E}_k$ は稠密である. よってベールの定理 (定理 1.4) から $\mathcal{E}(P, X)$ も $C(P, X)$ の稠密集合である. これで第 1 段が示された.

第 2 段. 連続写像 $\mu : P \to X$ を任意にとる. μ を近似する埋め込みで像が X において 0-LCC, 1-LCC を満たすものを構成するため, 補題 6.12 を用いる. まず $C(D, X)$ の可算稠密集合 $\{f_i\}_{i \geq 1}$ を選んで固定する. $\lambda_0 = \mu$ として, 写像 $\lambda_0 \amalg f_1 : P \amalg D \to X$ に対して第 1 段から $\lambda_1 \in \mathcal{E}(P, X)$ と $g_1 \in \mathcal{E}(D, X)$ を

$$\lambda_1 \fallingdotseq \lambda_0, \ g_1 \fallingdotseq f_1, \ \lambda_1(P) \cap g_1(D) = \emptyset$$

を満たすようにとる. 次に $\lambda_1 \amalg f_2 : P \amalg D \to X$ に第 1 段を用いて $\lambda_2 \in \mathcal{E}(P, X)$ と $g_1 \in \mathcal{E}(D, X)$ を

$$\lambda_2 \fallingdotseq \lambda_1, \ g_2 \fallingdotseq f_2, \ \lambda_2(P) \cap (g_1(D) \cup g_2(D)) = \emptyset$$

が成り立つようにとる. 定理 2.7 と同様な方法でこれを続けると, 埋め込みの列 $(\lambda_i)(\subset \mathcal{E}(P, X))$ と $(g_i)(\subset \mathcal{E}(D, X))$ を

(a) $\lambda_i(P) \cap g_k(D) = \emptyset, \ k \leq i,$

(b) $\lambda_\infty := \lim_{i \to \infty} \lambda_i$ は埋め込みで, かつ $\lambda_\infty(P) \cap g_i(D) = \emptyset, \forall i \geq 1,$

(c) $\lambda_\infty \fallingdotseq \mu,$

(d) $\{g_i\}_{i \geq 1}$ も $C(B^2, X)$ で稠密

であるようにとれる. (c) から λ_∞ は μ の埋め込み近似, (b) と (d) および補題 6.12 から, $\lambda_\infty(P)$ は 1-LCC である. 0-LCC 条件も同様に確かめられる. $\quad\square$

Edwards による定理 6.2 の証明は次の定理 6.13, 定理 6.15, 定理 6.16 に基

づく。3つの定理の証明のおおもとのアイディアは定理 6.5 で示されていると
はいえ、詳しい証明はどれもかなり複雑で省略せざるを得ない。以下 M は PL
多様体、$\mathcal{G}$ は M の上半連続分割、$\pi : M \to M/\mathcal{G}$ を標準射影とする。$\mathcal{G}$ の各
元が cell-like であるとき、$\mathcal{G}$ を cell-like 分割と呼ぼう。M の単体分割 τ に対
して $\tau^{(k)}$ で τ の k 骨格、即ち τ の k 次元以下の単体全体の和集合を表す。

◇ **定理 6.13** [34, Chap. IV, 23, Theorem 2]　M を n 次元 PL 多様体、$\mathcal{G}$ を
M の上半連続分割で以下の条件を満たすとする。

(1)　$\mathcal{G}$ は cell-like 分割である。

(2)　M の PL 構造に適合する単体分割の列 (τ_i) で $\lim\limits_{i \to \infty} \mathrm{mesh}\, \tau_i = 0$ かつ
$\tau_i^{(2)} \cap N_\mathcal{G} = \emptyset$ を満たすものが存在する。

(3)　$\dim M/\mathcal{G} < \infty$.

このとき $\mathcal{G}$ は shrinkable である.

✔ **注意 6.14**　　(1)　仮定 (2) から $N_\mathcal{G}$ は M 内で 1-LCC 条件を満たす。
(2)　定理 5.33 で述べた例によって、仮定 (3) は落とせないことがわかる。

上の定理を用いると以下を示すことができる:

◇ **定理 6.15 (1-LCC shrinking theorem)** [34, Chap. IV, 23, Theorem 5]
M を n 次元 PL 多様体、M の cell-like 分割 $\mathcal{G}$ が $\dim \pi(\overline{N_\mathcal{G}}) \leq n - 3$ を満た
すとする。もし $\pi(N_\mathcal{G})$ が $M/\mathcal{G}$ で 1-LCC なら、$\mathcal{G}$ は shrinkable である。

$\mathcal{G}$ を多様体 M の上半連続分割、$\pi : M \to M/\mathcal{G}$ を射影とする。Z を $M/\mathcal{G}$
の閉集合とする。このとき

$$\mathcal{G}(Z) := \{\pi^{-1}(z) \mid z \in Z\} \cup \{\{p\} \mid p \notin \pi^{-1}(Z)\}$$

も M の上半連続分割である。もし $\mathcal{G}$ が shrinkable なら、$\mathcal{G}(Z)$ も shrinkable
である ([34, Chap II, 13, Theorem 2])。

◇ **定理 6.16** [34, Chap. IV, 23, Proposition 4]　$\mathcal{G}$ は多様体 M の cell-like 分
割、(Z_j) を $M/\mathcal{G}$ の閉集合列で各 $\mathcal{G}(Z_j)$ が shrinkable とする。このとき任意
の $\varepsilon > 0$ に対して、cell-like 写像 $F : M \to M/\mathcal{G}$ で

(1) $F =_\varepsilon \pi$,

(2) $F| : F^{-1}(\bigcup_j Z_j) \to \bigcup_j Z_j$ は全単射

を満たすものが存在する。

以上を用いると定理 6.2 は，ごく大まかには次のような段階を踏んで証明される。

$f : M \to X$ を n 次元位相多様体 M から ANR ホモロジー多様体 X への cell-like 写像として，X は DDP を持つとする。以下 $n \geq 6$ かつ M は PL 多様体と仮定する。PL 構造を仮定することはそれほど大きな制限ではない。一方 $n \geq 6$ の仮定は技術的に重要である。[34] は定理 6.2 をこの仮定の下で証明している．$n = 5$ の場合の証明の詳細は [35] に発表された。

第 1 段. 定理 6.11 を用いて，次を満たす 2 次元コンパクト多面体の埋め込みからなる可算族 $\{\lambda_i : P_i \to X\}$ をとる：

(a) 任意の 2 次元コンパクト多面体 K に対して，K と同相な P_i が無限個存在する。

(b) 任意の 2 次元コンパクト多面体 K，連続写像 $\mu : K \to X$ と $\varepsilon > 0$ に対して，λ_i が $\lambda_i =_\varepsilon \mu$ を満たすように存在する。

(c) $\lambda_i(P_i)$ は X において 1-LCC である。

$A_i = \lambda_i(P_i)$ とおく。M の cell-like 分割 $\mathcal{G} = \{f^{-1}(x) \mid x \in X\}$ を考え，

$$\mathcal{G}(A_i) = \{f^{-1}(x) \mid x \in A_i\} \cup \{\{p\} \mid p \in M \setminus f^{-1}(A_i)\}$$

とおく。A_i が 1-LCC であるから 1-LCC shrinking 定理 6.15 によって $\mathcal{G}(A_i)$ は shrinkable である。定理 6.16 によって f を以下のような cell-like 写像 $F_1 : M \to X$ で近似できる：

$$F_1| : F_1^{-1}\left(\bigcup_i A_i\right) \to \bigcup_i A_i \quad \text{は全単射.}$$

$F_1(N_{F_1}) \cap \bigcup_{i=1}^\infty A_i = \emptyset$ に注意（N_{F_1} の定義は (6.1) 参照）。

第 2 段.　F_1 を，定理 6.13 の仮定を満たす cell-like 写像 $F_2 : M \to X$ で近似する．そのために M の単体分割 (τ_k) を $\lim_{k \to \infty} \operatorname{mesh} \tau_k = 0$ をみたすようにとる．$R_k = \tau_k^{(2)}$ とおく．$n \geq 5$ だから一般の位置の議論によって $R_i \cap R_j = \emptyset, i \neq j$ としてよい．次のような cell-like 写像の列 (f_k) が得られたと仮定しよう：

(k.1)　　$f_k =_{\epsilon/2^{k+1}} f_k,$

(k.2)　　$f_k| : f_k^{-1} f_k(R_k) \to f_k(R_k)$ は全単射，

(k.3)　　$f_{k+\ell}|R_k = f_k|R_k, \ \ell \geq 0,$ また $p \in R_k$ なら $d(f_{k+\ell}(p), f_k(R_k)) > 0.$

すると $F_2 = \lim_{j \to \infty} f_j$ は cell-like 写像でかつ $N_{F_2} \cap \bigcup_{k=1}^{\infty} R_k = \emptyset$ であることが証明でき，F_2 が求める cell-like 写像である．上の列を構成するために，$(n \geq 6$ の仮定および）各 A_i が X で 1-LCC でかつ $F_1|F_1^{-1}(\cup_i A_i)$ が全単射であることが用いられる．

最後に定理 6.13 によって結論を得る．

極めて不十分ながら，以上で定理 6.2 に関する説明を終え，この節の残りで関連するいくつかの結果を紹介する．$n(\geq 5)$ 次元位相多様体 X は以下の 3 条件で特徴づけられている：

(a)　X は n 次元 ANR ホモロジー多様体である．

(b)　X は DDP を持つ．

(c)　n 次元位相多様体 M からの cell-like 写像 $f : M \to X$ が存在する．

定理 6.2 において，上の (c) を落とすことができるか（即ち任意の n 次元 ANR ホモロジー多様体に対して (c) の様な cell-like 写像が存在するか）は長い間懸案の問題であった．例えば M が $\mathbb{R}^n$ の開集合を一つでも含めば，答えは肯定的である．Quinn による ANR ホモロジー多様体の不変量の研究 [102],[103] を経て Bryant-Ferry-Mio-Weinberger は，(c) を満たさない n 次元 ANR ホモロジー多様体を構成した（[24], [25]）．そのようなホモロジー多様体 X はどの点でも $\mathbb{R}^n$ と同相な近傍を持たない．

X を $n(\geq 3)$ 次元 ANR ホモロジー多様体とする．X が次の性質を持つことを確かめることができる：D^1 を 1 次元球体（＝単純弧）として，

任意の $\alpha : D^1 \to X, \beta : D^1 \to \beta$ と $\varepsilon > 0$ に対して, $\alpha' : D^1 \to X, \beta' : D^1 \to X$ が, $\alpha' =_\varepsilon \alpha, \beta' =_\varepsilon \beta$ かつ $\alpha'(D^1) \cap \beta'(D^1) = \emptyset$ を満たすように存在する。

すると $X \times \mathbb{R}$ は, 上の条件中の α, α' を, 2次元円板からの写像 $\alpha, \alpha' : D^2 \to X$ に置き換えた条件 (disjoint arc-disk property) を満たすことが示せる。更に $X \times \mathbb{R}^2$ は DDP を持つ ([34, Chap.V, 26, Theorem 8])。したがって

◇ **定理 6.17** M を n 次元コンパクト位相多様体, $n \geq 3$, $f : M \to X$ を有限次元コンパクト距離空間 X への cell-like 写像とする。このとき $f \times \mathrm{id}_{\mathbb{R}^2} : M \times \mathbb{R}^2 \to X \times \mathbb{R}^2$ は near-homeomorphism である。特に $X \times \mathbb{R}^2$ は位相多様体である。

未解決問題（Bing-Borsuk 予想, 1965 [15]）X を局所コンパクト可分有限次元 ANR 空間で位相的等質（定義 2.8）とする。X は位相多様体か？

$\dim X \leq 2$ なら肯定的である (Bing-Borsuk)。$\dim X = 3$ に対する肯定解は 3 次元 Poincaré 予想（定理）を導く (Jakobsche)。もう少し控えめに, 位相的等質な ANR X は（少なくとも）ホモロジー多様体か？という問いも提出されている. これについては以下の結果が知られている。

◇ **定理 6.18**([23], [51]) M を位相的等質な有限次元コンパクト ANR 空間とする。もし M の局所ホモロジー $H_*(M, M \setminus \{x\} : \mathbb{Z})$ が各次元において有限生成かつ十分高い次元で消えているならば（**有限型をもつ**という）, M はホモロジー多様体である。

これらの結果および関連する予想は総合報告 [73] に纏められている。

6.4 無限次元位相多様体の特徴づけ

ヒルベルト立方体（[0,1] の可算直積空間, 1.2 節）を I^∞ とおく。また ℓ_2 で可分 Hilbert 空間 $\ell_2 = \{(x_i) \in \mathbb{R}^{\mathbb{N}} \mid \sum_{i=1}^\infty x_i^2 < \infty\}$ を表す。

◆**定義 6.19**　　(1)　局所コンパクト可分距離空間 M の任意の点が I^∞ と同相な近傍を持つとき，M を **Hilbert cube 多様体**と呼ぶ。

(2)　可分かつ完備距離化可能空間 N の任意の点が ℓ_2 と同相な近傍を持つとき，N を **Hilbert space 多様体**であるという。

Hilbert cube 多様体および Hilbert space 多様体は「無限次元空間をモデルとする位相多様体」の典型例である。任意の Hilbert space 多様体 M は ℓ_2 の開集合と同相である (Henderson)。また Hilbert space 多様体の同相類は M のホモトピー型にのみ依存して決まる (Burghelea-Kuiper)。定理 6.2 を雛型として Hilbert space 多様体，Hilbert cube 多様体の特徴づけ問題が研究された。

◆**定義 6.20**　　(1)　位相空間 X の部分集合族 $\{B_i\}$ が離散集合族であるとは，任意の $x \in X$ に対して近傍 U が，$\{i \mid B_i \cap U \neq \emptyset\}$ が高々 1 つの元しか含まないようにとれることである。

(2)　可分距離空間 X が **discrete approximation property** を持つとは，連続写像の任意の可算族 $\{\alpha_i : I^\infty \to X \mid i \in \mathbb{N}\}$ と X の任意の開被覆 $\mathcal{U}$ に対して，連続写像の可算族 $\{\beta_i : I^\infty \to X \mid i \in \mathbb{N}\}$ が，$\beta_i =_{\mathcal{U}} \alpha_i$, $\forall i$，かつ $\{\beta_i : I^\infty \to X \mid i \in \mathbb{N}\}$ は離散集合族であるように存在することである。

上の定義および用語は [11] に従った。

◇**定理 6.21 (Toruńczyk)** [11], [113, Chap.3, Theorem 3.4.7], [121], [122]. 可分かつ完備距離化可能空間 M が Hilbert space 多様体であるための必要十分条件は

(a)　M は ANR であり，かつ
(b)　M は discrete approximation property を持つ

ことである。

未解決問題.（同相群予想）M^n をコンパクト n 次元位相多様体とする。$\mathrm{Homeo}(M)$ は Hilbert space 多様体か？

$n \leq 2$ なら正しい。上の問題に肯定的に答えるためには Homeo(M) が ANR 空間であることを証明すれば十分である。Homeo(M) は局所可縮であることは知られている (Edwards-Kirby, Černavskiĭ)。

コンパクトでない多様体の写像空間のトポロジーに関する研究については，例えば [130] およびそこにある文献等を参照。

Hilbert cube 多様体は，その単純ホモトピー類によって位相同型類が決まる。有限 CW 複体 X, Y の間の写像 $f : X \to Y$ が単純ホモトピー同値写像であるとは，X から Y への elementary expansion および elementary collapsing の有限列が存在し，f はそれらが自然に決める連続写像の合成写像とホモトピックであることであった ([28])。$K \nearrow L, L \searrow K$ によって「L は K から elementary expansion で得られる」「K は L から elementary collapsing によって得られる」ことを表すとしよう。elementary collapsing $K \searrow L$ が定める自然なレトラクション $r : K \to L$ としてファイバーが可縮であるもの，したがって cell-like 写像をとることができる。cell-trading 補題によって expansion, collapsing の順番を入れ替えることによって

$$X = K_1 \nearrow K_2 \nearrow \cdots \nearrow K_r \searrow K_{r+1} \searrow \cdots \searrow K_s = Y$$

を満たす有限 CW 複体の列 $K_1, \ldots, K_s$ を見つけることができる ([28])。したがって上の記号の下で cell-like 写像 $p : K_r \to X, q : K_r \to Y$ が $f \circ p \simeq q$ を満たすようにとれる。この観察をもとに Chapman は以下の定義を与えた.

◆ **定義 6.22**　$f : X \to Y$ をコンパクト ANR の間の連続写像とする. f が**単純ホモトピー同値**であるとは，コンパクト ANR Z と cell-like 写像 $p : Z \to X, q : Z \to Y$ が存在して $f \circ p \simeq q$ が成り立つことである。

◇ **定理 6.23** [27],[113, Chap.3, Theorem 3.8.8].　$f : M \to N$ をコンパクト Hilbert cube 多様体の間の単純ホモトピー同値写像とする。このとき同相写像 $h : M \to N$ で f とホモトピックであるものが存在する。

次に Hilbert cube 多様体の特徴づけ定理を述べるため，以下の定義をおく。

◆ **定義 6.24** 位相空間 X が DD^kP を持つとは任意の連続写像の組 $\alpha, \beta :$ $I^k \to X$ と任意の X の開被覆 $\mathcal{U}$ に対して，連続写像 $\alpha', \beta' : I^k \to X$ が $\alpha' =_{\mathcal{U}} \alpha,\ \beta' =_{\mathcal{U}} \beta,\ \alpha'(I^k) \cap \beta'(I^k) = \emptyset$ を満たすように存在することである．任意の $k \geq 1$ に対して DD^kP を持つとき，X は $DD^\infty P$ を持つという．

◇ **定理 6.25 (Toruńczyk)** [113, Chap.3, Theorem 3.8.6] [120], [122].   局所コンパクト可分距離空間 M が Hilbert cube 多様体であるための必要十分条件は

(a) M は ANR であり，かつ

(b) M は $DD^\infty P$ を持つ

ことである．

これらの定理により，様々な空間をモデルに持つ無限次元位相多様体を
(i) 位相空間論的条件   (ii) ANR 条件   (iii) 一般の位置に関する条件
の 3 つによって特徴づけることが一般的原理となった．
上の定理を用いて例えば次の結果が証明されている．

◇ **定理 6.26** [31] X を局所連結かつ連結なコンパクト距離空間とする．X の空でないコンパクト部分集合の全体 $\mathcal{K}(X)$ に Hausdorff 距離 d_H（2.4 節）を入れたコンパクト距離空間 $(\mathcal{K}(X), d_H)$（定理 2.36）は I^∞ と位相同型である．

無限次元位相多様体理論において重要な概念の一つが Z-set である．有限次元 ANR における役割については次章で扱う．

◆ **定義 6.27**   距離空間 X の閉集合 A が以下の条件を満たすとき，A を X の **Z-set** という：任意の X の開被覆 $\mathcal{U}$ に対して連続写像 $f : X \to X \setminus A$ が $f =_{\mathcal{U}} \mathrm{id}_X$ を満たすよう存在する．

つまり A は「X の点をほんの少しだけずらせば A から外せる」ような集合である．境界を持つ多様体 M の境界 ∂M がその典型例である．また $[0,1]^\infty$ のコンパクト集合 K が $K \subset (0,1)^\infty$ を満たすならば，K は $[0,1]^\infty$ の Z-set である．

位相空間 X の部分集合 D に対して，ホモトピー $H : X \times [0,1] \to X$ で $H_0 = \mathrm{id}_X$ かつ任意の $t > 0$ に対して $H_t(X) \subset D$ を満たすものが存在するとき，D は X で **homotopy dense** であるという。

◇ **定理 6.28**　　(1)　X を ANR 空間，A をその閉集合とする。以下の条件は同値である。

(a)　A は X の Z-set である。

(b)　$X \setminus A$ は X で homotopy dense である。

(c)　任意の X の開集合 U に対して，包含写像 $U \setminus A \hookrightarrow U$ はホモトピー同値写像である。

(2)　X を距離空間，Y をその homotopy dense な部分集合とする。X が ANR であることと，Y が ANR であることは同値である。

証明は [113, Theorem 2.8.6] を参照。M を Hilbert cube 多様体とする。コンパクト距離空間 K から M への任意の連続写像 $f : K \to M$ と任意の $\varepsilon > 0$ に対して，埋め込み $e : K \to M$ で $f =_\varepsilon e$ かつ $e(K)$ は M の Z-set であるもの（**Z-embedding** という）が存在する。以下の定理は Hilbert cube 多様体の Z-set については結び目現象は起きないことを示している。

◆ **定義 6.29** [113, Chap.2, Theorem 2.11.6]　　局所コンパクト Hausdorff 空間 X, Y の間のホモトピー $H : X \times [0,1] \to Y$ が proper 写像であるとき proper ホモトピーという。$f, g : X \to Y$ を結ぶ proper ホモトピーが存在するとき f と g は **properly ホモトピック** (properly homotopic) であるといって $f \simeq^p g$ と表す。proper 写像 $f : X \to Y$ が **proper ホモトピー同値写像**であるとは proper 写像 $h : Y \to X$ が $h \circ f \simeq^p \mathrm{id}_X, f \circ h \simeq^p \mathrm{id}_Y$ を満たすように存在することである。このとき X と Y は同じ proper ホモトピー型を持つと呼んで $X \simeq^p Y$ と表す。

◇ **定理 6.30 (Z-set unknotting theorem)** [27, Theorem 19.4], [113, Chap.4, Theorem 4.7.1]　　M を Hilbert cube 多様体，A を局所コンパクト空間 $f, g : A \to M$ を Z-embedding とする。もし $f \simeq^p g$ ならば，M 上のイソトピー $H : M \times [0,1] \to M$ で $H_0 = \mathrm{id}_M, g = H_1 \circ f$ を満たすものが存在する。

更に Hilbert cube 多様体は以下の意味で「単体分割可能」である．

◇ **定理 6.31** [127], [27, Theorem 36.2, 37.2], [113]．　M を Hilbert cube 多様体とする．局所有限な単体的複体 K が存在して M は $|K| \times I^\infty$ と同相である．M がコンパクトなら K もコンパクトであるようにとれる．

以下の系は注意 4.13 において用いられている．

◇ **系 6.32**　[127] コンパクト ANR 空間はあるコンパクト多面体と同じホモトピー型を持つ．

証明　M をコンパクト ANR 空間とすると，$M \times I^\infty$ は ANR で $DD^\infty P$ を持つことが示せる（I^∞ が $DD^\infty P$ を持つことを用いればよい）．定理 6.25 から $M \times I^\infty$ は Hilberc cube 多様体であるから，上の定理から $M \times I^\infty \approx |K| \times I^\infty$ を満たすコンパクト多面体 $|K|$ が存在する．このとき $M \simeq |K|$ である．　□

6.5　リーマン幾何学・距離の幾何学への応用

ここでは Edwards の定理（定理 6.2）の，大域リーマン幾何学および距離の幾何学における応用について，ごく簡単に触れる．$\mathcal{M}(n, k, D)$ を n 次元コンパクトリーマン多様体 M で次を満たすもののなす等長類の全体とする：

$$k_M \geq k,\ \mathrm{diam}(M) \leq D,$$

ここで「$k_M \geq k$」は M の断面曲率が常に k 以上であることを表し，また $\mathrm{diam}(M)$ は M のリーマン計量から導かれる距離における直径を表す．$\mathcal{CM}$ でコンパクト距離空間の等長類全体に Gromov-Hausdorff 距離を入れた空間を表す．$\mathcal{M}(n, k, D) \subset \mathcal{CM}$ とみなすとき Gromov のプレコンパクト定理から $\overline{\mathcal{M}(n, k, D)}$ はコンパクトである（[68]）．したがって任意の無限列 $(M_i) \subset \mathcal{M}(n, k, D)$ は収束部分列を持つ．簡単のため $\lim_{i \to \infty} d_{GH}(M_i, X) = 0$ としよう．このとき $\dim X \leq n$ が成り立ち，$\dim X = n$ なら十分大きな任意の i に対して M_i は X と同相である．ここから 5 章で触れた Grove-Petersen-Wu の有限性定理が導かれる：

◇ **定理 6.33** [69]　$n \geq 4, k \in \mathbb{R}, D > 0, v > 0$ に対して

$$k_M \geq k, \ \mathrm{diam}(M) \leq D, \mathrm{vol}(M) \geq v$$

をみたすコンパクト n 次元リーマン多様体の同相類（$n \geq 5$ なら微分同相類）
は有限個である。

これらの結果については [99] にある解説記事（山口孝男，「Alexandrov 空間
の位相的安定性」）参照。極限空間 X が $\dim X = 0$ を満たすなら，十分大きな
任意の i に対して M_i の基本群は指数有限な冪零群を含む。$1 \leq \dim X \leq n-1$
についての一般論は未完成であるが，$n = 3, 4$ については詳細な解析がなされ
ている（[93], [131] とそこにある文献参照）。このように極限空間 X の幾何お
よびトポロジーを調べることは基本的な重要性を持つ。X はいわゆる「曲率が
下に有界な Alexandrov 空間」である。一般に曲率が下に有界な Alexandrov
空間が有限次元なら ANR であり，更にホモロジー多様体なら $X \times \mathbb{R}$ は位相
多様体である [129]（定理 6.17 参照）。定理 6.33 は [60] において，ある local
contractibility function によってコントロールされた距離を持つ位相多様体に
一般化された。

一方曲率が上に有界な距離空間も重要な対象である。次章の準備を兼ねて
proper な CAT(κ) 空間を以下の様に定義する。$\kappa \in \mathbb{R}$ に対して M_κ^2 で単連結
完備定曲率 κ の 2 次元多様体とする。M_0^2 はユークリッド平面，M_1^2 は単位球
面，M_{-1}^2 は双曲平面である。D_κ を M_κ^2 の直径とする：$\kappa \leq 0$ なら $D_\kappa = \infty$，
$\kappa > 0$ なら $D_\kappa = \pi/\sqrt{\kappa}$.

◆ **定義 6.34**　距離空間 (X, d) が **proper 距離空間**であるとは，任意の $x \in X$
と任意の $R > 0$ に対して，x を中心とする半径 R の閉球 $B(x; R) = \{y \in X \mid d(y, x) \leq R\}$ がコンパクトであることである。

ここでは閉球を表す記号として（"球"のニュアンスを強調するため）1.2 節
の「$\bar{N}(x; R)$」の代わりに「$B(x; R)$」を用いた。proper 距離空間は常に局所
コンパクト可分距離空間である。

◆ **定義 6.35**　(X, d) を proper 距離空間とする。(X, d) が **CAT(κ) 空間**であ
るとは，X が以下の 2 条件を満たすことである。

(1) （D_κ-測地的）$p, q \in X, d(p, q) < D_\kappa$ なら最短測地線（即ち等長写像 $\gamma : [0, d(p, q)] \to X$ で $\gamma(0) = p, \gamma(d(p, q)) = q$ を満たすもの）が存在する。このような測地線を γ_{pq} と表す（唯一つとは限らない）。

(2) （CAT(κ) 条件）$p, q, r \in X$ が $\max(d(p, q), d(q, r), d(r, p)) \leq D_\kappa$ かつ $d(p, q) + d(q, r) + d(r, p) < 2D_\kappa$ を満たすとする。$\tilde{p}, \tilde{q}, \tilde{r} \in M_\kappa^2$ を $d(p, q) = d(\tilde{p}, \tilde{q}), d(q, r) = d(\tilde{q}, \tilde{r}), d(r, p) = d(\tilde{r}, \tilde{p})$ が成り立つように選ぶ。このとき p, q を結ぶ任意の測地線 γ_{pq} 上の点 x と，p, r を結ぶ任意の測地線 γ_{pr} 上の点 y に対して，$\tilde{x}, \tilde{y}$ を $\tilde{p}, \tilde{q}$ を結ぶ測地線，$\tilde{p}, \tilde{r}$ を結ぶ測地線上の対応する点とするとき，

$$d(x, y) \leq d(\tilde{x}, \tilde{y})$$

が成り立つ（図 6.3 参照）。

　CAT(κ) 空間 X の各点 x に対して，x における方向空間 $\Sigma_x(X)$ が，リーマン多様体の単位接ベクトル全体の類似として定まる。$\Sigma_x(X)$ 上の錐 $T_x(X)$ が接空間の類似である。Lytchak-永野は定理 6.2 および位相多様体のトポロジーに関する定理とその証明技法を駆使して，CAT(κ) 距離を持つ位相多様体を特徴づけ，それを用いて次の位相安定性定理を導いた（[86], [87]）。ここでは [87] で証明されているよりも弱い形で述べる。リーマン多様体 M の単射半径を $\mathrm{inj}(M)$ で表す。

◇ **定理 6.36**（[87, Theorem 1.3]）　$\kappa \in \mathbb{R}, r > 0$ とする。(M_i) は $k_{M_i} \leq \kappa, \mathrm{inj}(M_i) \geq r$ を満たす n 次元コンパクトリーマン多様体の列で，コンパクト距離空間 X に Gromov-Hausdorff 収束するとする。このとき X は n 次元位相多様体で，任意の $x \in X$ の方向空間 Σ_x は S^{n-1} と位相同型である。更に十分大きな i に対して M_i は X と位相同型である。

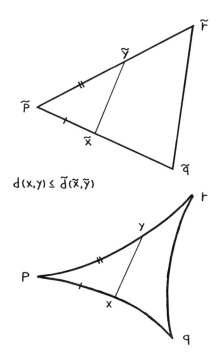

$$d(x,y) \leq \tilde{d}(\tilde{x},\tilde{y})$$

図 **6.3**　CAT(κ) 条件

7

コンパクト化とその境界

　コンパクトでないハウスドルフ空間 X の位相的コピーを稠密集合として含むコンパクトハウスドルフ空間 $\bar{X}$ を X のコンパクト化とよび，$Z := \bar{X} \setminus X$ を $\bar{X}$ における X の剰余または（理想）境界と呼ぶ．X の幾何学的性質を反映した良いコンパクト化を考察することはしばしば重要な問題である．

　Siebenmann は，境界を持たない $n(\geq 6)$ 次元多様体 M に対して，その内部が M と同相なコンパクト多様体 $\bar{M}$ が存在するための必要十分条件を与えた (1965)．その後 Davis によってコンパクト aspherical 多様体でその普遍被覆がユークリッド空間と同相でない例が見い出されて (1983)，多様体としてコンパクト化されない多様体が組織的に考察されるようになった．そのような多様体のコンパクト化の境界はしばしば複雑な位相を持つ．

　幾何学的群論においては，与えられた群 G が作用する非コンパクト空間 X の漸近幾何学的性質を調べることが有用である．X のコンパクト化における理想境界は一般に複雑な位相を持ち，しかもその位相が X ひいては群 G の性質を規定することがある．このことが複雑な境界を持つコンパクト化の研究に対するもう一つの動機を与える．

　このような研究において，局所コンパクト可分 ANR 空間の $\mathcal{Z}$-コンパクト化理論が一つの枠組みを与えている．本章では [70], [71] に従って，この理論について簡単に紹介する．その中で前章までに述べた概念や研究手法が活躍する場面を見ることができる．

　以下において集合 $A \subset B$ における包含写像 $A \hookrightarrow B$ を incl : $A \hookrightarrow B$ と表す．

7.1　$\mathcal{Z}$-コンパクト化と inward tameness

X が局所コンパクトハウスドルフ空間，$\bar{X}$ をそのコンパクト化とする。X の局所コンパクト性から X は $\bar{X}$ の稠密開集合である。

◆**定義 7.1**　X を局所コンパクト可分 ANR 空間とする。X の距離化可能なコンパクト化 $\bar{X}$ で $Z := \bar{X} \setminus X$ が $\bar{X}$ の Z-set（定義6.27）であるようなものを X の $\mathcal{Z}$-**コンパクト化**という。Z を X の $\mathcal{Z}$-**境界**という。

例えば境界を持つコンパクト多様体はその内部の $\mathcal{Z}$-コンパクト化である。定理 6.28 から $\bar{X}$ はコンパクト ANR 空間である。$\mathcal{Z}$-コンパクト化を持つ ANR 空間の "inward tameness" について述べるため，いくつかの概念を準備する。局所コンパクト空間の "tameness" にはいくつかの定式化があり，また用語法もいくつかある。ここでは [70] に従う。局所コンパクトハウスドルフ空間 X の部分集合 N に対して，$X \setminus N$ の閉包 $\overline{X \setminus N}$ がコンパクトであるとき，N を**無限遠の近傍**という。

◆**定義 7.2**　局所コンパクト可分 ANR 空間 X が **inward tame** であるとは，任意の無限遠近傍 N に対して無限遠近傍 $N' \subset N$ と有限 CW 複体 K，連続写像 $f : N' \to K$, $g : K \to N$ が $\mathrm{incl}_{N',N} \simeq g \circ f$ を満たすように存在することである。

例えば境界を持つコンパクト多様体 M の内部 $\mathrm{Int}\,M$ は inward tame である（無限遠基本近傍系として $\partial M \times [0,1)$ と位相同型なものが取れるから）。

局所コンパクト可分 ANR 空間 X が **sharp** であるとは，任意の無限遠近傍が ANR 無限遠閉近傍を含むこととする。局所有限な多面体は sharp な ANR である。以下の定理から，次節以降主として inward tame かつ sharp な ANR 空間，特に局所有限多面体を考える。

◇**定理 7.3** [70, Proposition 3.8.12]　X を局所コンパクト可分 sharp な ANR 空間とする。X が $\mathcal{Z}$-コンパクト化を持てば，X は inward tame である。

証明　（概略）簡単のため X が局所有限多面体と仮定し，$\bar{X}$ をその $\mathcal{Z}$-コンパクト化，$Z = \bar{X} \setminus X$ とする。定理 6.28 から Z は homotopy dense だから，ホ

モトピー $H : \bar{X} \times [0,1] \to \bar{X}$ が $H_0 = \mathrm{id}_{\bar{X}}, H_t(\bar{X}) \subset X, \forall t > 0$ を満たすように存在する。

無限遠近傍 N が X の部分多面体でかつ，X のあるコンパクト部分多面体 C に対して $N = \overline{X \setminus C}$ $(= X \setminus C$ の X のおける閉包$)$ と表されているとする。$\bar{N} = N \cup Z$ はコンパクトである。更に Z は $\bar{N}$ の Z-set であることを示すことができる。実際 N が ANR だから，N の近傍から N 上へのレトラクションがあることを用いて上のホモトピー H を少し修正すれば，ホモトピー $H' : \bar{N} \times [0,1] \to \bar{N}$ で $H'_0 = \mathrm{id}_N,\ H'_t(\bar{N}) \subset N,\ \forall t > 0,$ を満たすものが構成できるからである。修正したホモトピーも同じ H で表そう。$H_1(\bar{N})$ はコンパクトだから，N のコンパクト部分多面体 K を $H_1(\bar{N}) \subset K$ を満たすようにとれる。$N' = \overline{N \setminus K}$ は無限遠の近傍で $N' \subset N$ を満たす。ここで $u := H_1|N' : N' \to N,\ d := \mathrm{incl}_{K,N} : K \hookrightarrow N$ とおくと，

$$d \circ u = \mathrm{incl}_{K,N} \circ H_1|N' \simeq \mathrm{incl}_{N',N}$$

が成り立つ。上のような N の全体は無限遠近傍の基本近傍系をなすから，X は inward tame である。 $\qquad \square$

✔ **注意 7.4** もう少し強く，上の N 自身がコンパクト多面体と同じホモトピー型を持つことがわかる。なぜなら $\bar{N}$ はコンパクト ANR だから，系 6.32 からコンパクト多面体と同じホモトピー型を持ち，しかも Z は $\bar{N}$ 内で homotopy dense だから包含写像 $N \hookrightarrow \bar{N}$ はホモトピー同値写像であるからである。

◆ **例 7.5（Whitehead 多様体）** $\mathbb{R}^3$ 内に標準的に埋め込まれたソリッドトーラス K_1 内にソリッドトーラス K_2 を図 7.1 のようにいれる。同相写像 $h_2 : K_1 \to K_2$ を固定し，$K_3 = h_2(K_2)$ とおく。K_3 は K_2 内に，K_2 の K_1 への埋め込みと同値な仕方で埋め込まれている。以下同様に続けてソリッドトーラスの単調減少列

$$K_1 \supset K_2 \supset K_3 \supset \cdots \supset \bigcap_{i=1}^{\infty} K_i = A$$

を得る。包含写像 $K_{i+1} \hookrightarrow K_i$ は零ホモトピックだから $\mathrm{Sh}(A) = 0$ に注意。特に A は $\mathbb{Z}$-非輪状である。$W = \mathbb{R}^3 \setminus A$ とおくと，Alexander 双対定理から

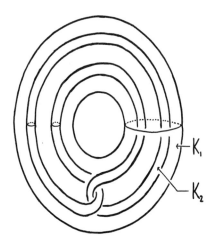

図 7.1　Whitehead 多様体：$W = \mathbb{R}^3 \setminus A$

$\mathrm{H}_j(W) \cong \tilde{\mathrm{H}}^{2-j}(A) = 0$，さらに（自明ではないが）$W$ が単連結であること
が示せるから，W は可縮である。$N_i = \overline{\mathbb{R}^3 \setminus K_i}$ は W の無限遠近傍の列で，
$\bigcap_{i=1}^{\infty} N_i = \emptyset$ を満たし，かつ $\pi_1(N_i)$ は有限生成でないことが示せる。よって
W は inward tame でなく，したがって $\mathcal{Z}$-コンパクト化を持たない。特に W
は可縮だが $\mathbb{R}^3$ と同相でない 3 次元多様体である。

7.2　無限遠および $\mathcal{Z}$-境界の shape 型

　本節では局所コンパクト可分 ANR 空間の無限遠での振る舞いを記述するい
くつかの概念を導入する。以降簡単のため，考える局所コンパクト空間 X は
以下の意味で one-ended であるとする。

◆**定義 7.6**　局所コンパクト可分距離空間 X が **one-ended** であるとは，任
意の X のコンパクト集合 K に対して，K を含むコンパクト集合 L が $X \setminus L$
が弧状連結であるように存在することである。

　X を inward tame かつ局所コンパクト可分 sharp ANR 空間とする。無
限遠近傍の列 (M_i) とコンパクト多面体の列 (K_i) およびその間の写像列

$(g_i : K_i \to M_i), (f_i : M_{i+1} \to K_i)$ が，$\bigcap_{i=1}^{\infty} M_i = \emptyset$，かつ以下の図式をホモトピー可換とするように存在する：

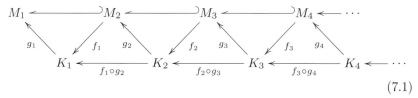

$$(7.1)$$

射影極限 $K_\infty = \varprojlim(K_i, f_i \circ g_{i+1} : K_{i+1} \to K_i)$ はコンパクト距離空間で，以下に示すように，K_∞ のシェイプ型 $\mathrm{Sh}(K_\infty)$ は近傍系 (N_i) と (K_i) の取り方によらずに決まる。

証明　X の無限遠近傍列 $(M_i), (N_i)$ および有限 CW 複体列 $(K_i), (L_i)$ と写像列 $(d_i : M_i \to M_i), (u_i : M_i \to K_{i-1}), (e_i : L_i \to N_i), (v_i : N_i \to L_{i-1})$ を以下を満たすようにとる：

(1)　$M_i \supset N_i \supset M_{i+1} \supset N_{i+1}$,

(2)　$d_i \circ u_i \simeq \mathrm{incl} : M_i \hookrightarrow M_{i-1}, e_i \circ v_i \simeq \mathrm{incl} : N_i \hookrightarrow N_{i-1}$.

以下の図式を考える：

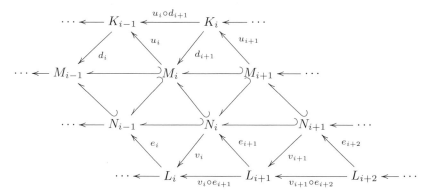

全ての三角形は可換あるいはホモトピー可換だから，定理 4.26 より

$$\mathrm{Sh}(\varprojlim(K_i, u_i \circ d_{i+1})) = \mathrm{Sh}(\varprojlim(L_i, v_i \circ e_{i+1}))$$

より求める結論を得る。　　　　　　　　　　　　　　　　　　　　　□

◆ **定義 7.7** $\mathrm{Sh}(K_\infty)$ を $\mathrm{Sh}(\mathcal{E}(X))$ と表して，X の**無限遠のシェイプ型**という。

◇ **定理 7.8** [70, Theorem 3.8.14] X を局所コンパクト可分 sharp ANR 空間で $\bar{X} = X \cup Z$ を X の $\mathcal{Z}$-コンパクト化とする。このとき $\mathrm{Sh}(Z) = \mathrm{Sh}(\mathcal{E}(X))$ が成り立つ。特に X の $\mathcal{Z}$-境界のシェイプ型は X のみに依存して決まる。

証明 無限遠の ANR 閉近傍の列 (N_i) と有限多面体の列 (K_i) を図式 (7.1) にあるようにとる。$\overline{N_i} = N_i \cup Z$ は N_i の ANR コンパクト化で，Z は N_i の Z-set であり（定理 7.3 の証明参照），また $\bigcap_{i=1}^\infty \overline{N_i} = Z$ を満たす。特に Z は射影系 $(\overline{N_i}, \mathrm{incl} : \overline{N_{i+1}} \hookrightarrow \overline{N_i})$ の射影極限である。包含写像 $N_i \hookrightarrow \overline{N_i}$ はホモトピー同値写像だから（定理 6.28），ホモトピー逆写像 $k_i : \overline{N_i} \to N_i$ が存在する。そこで次の図式を考える：

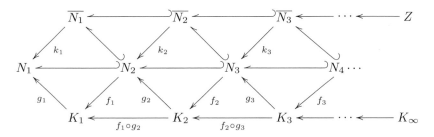

各三角形は可換あるいはホモトピー可換だから $\mathrm{Sh}(Z) = \mathrm{Sh}(K_\infty)$ より結論を得る。　　　　　　　　　　　　　　　　　　　　　　　　　　　　　□

✔ **注意 7.9** 任意のコンパクト距離空間 K に対して K を $\mathcal{Z}$-境界として持つ ANR 空間 X が存在する。実際 K をコンパクト多面体と連続写像からなる射影極限 $K = \varprojlim(K_i, p_i : K_{i+1} \to K_i)$ として表し，(p_i) の「mapping telescope」を X とおけばよい。[70] 参照。

　上の定理から $\mathcal{Z}$-コンパクト化可能な sharp ANR 空間を，境界のシェイプ型を考察することによって調べることができる。上記定理の証明からわかるように，$\mathcal{Z}$-コンパクト化 $\bar{X} = X \cup Z$ の境界 Z の ANR 近傍として，無限遠近傍の $\bar{X}$ での閉包の列 $(\bar{N_i})$:

$$\bar{N}_1 \supset \mathrm{int}_{\bar{X}} N_1 \supset \cdots \supset \bar{N}_i \supset \mathrm{int}_{\bar{X}} N_i \supset \bar{N}_{i+1} \supset \cdots \supset \bigcap_{i=1}^\infty \bar{N}_i = Z$$

をとることができるから，Z のシェイプ不変量を (N_i) を用いて記述できる。特に基本的な役割を果たすのが基本群からなる射影系 $(\pi_1(N_i))$ である。基本群の基点を指定するため以下の定義をおく。$[0,\infty)$ から X への proper map $r:[0,\infty) \to X$ を **proper ray** という。proper ray $r:[0,\infty) \to X$ と無限遠の閉 ANR 近傍の列

$$U_1 \supset \mathrm{int}U_1 \supset U_2 \supset \mathrm{int}U_2 \supset \cdots\cdots \supset \bigcap_{i=1}^{\infty} U_i = \emptyset$$

に対して $p_i \in U_i \cap r([0,\infty))$ を固定する。X が one-ended と仮定したから，U_i を弧状連結にとることができる。各 i に対して $\lambda_i : \pi_1(U_{i+1},p_{i+1}) \to \pi_1(U_i,p_i)$ を包含写像 $(U_{i+1},p_{i+1}) \hookrightarrow (U_i,p_{i+1})$ の誘導する準同型と r に沿った基点の取り換えを与える同型写像の合成写像

$$\lambda_i : \pi_1(U_{i+1},p_{i+1}) \to \pi_1(U_i,p_{i+1}) \to \pi_1(U_i,p_i)$$

として定める。このようにして得られる射影系の列は，pro-Grp（4.2 節参照）における同型を除き，U_i, p_i の取り方によらず r によって一意に決まる。

◆ **定義 7.10**　One-ended な局所コンパクト可分 ANR 空間 X と proper ray $r:[0,\infty) \to X$ に対して pro-$\pi_1(\mathcal{E}(X),r) :=$pro-$(\pi_1(U_i,p_i),\lambda_i)$ とおき，proper ray r における**無限遠の基本群**と呼ぶ。

　proper ray $r,s:[0,\infty) \to X$ が properly ホモトピック（定義 6.29）なら，pro-$\pi_1(\mathcal{E}(X),r) \cong$ pro-$\pi_1(\mathcal{E}(X),s)$ が成立することが示せる。そこで次の定義を置く。群と準同型からなる射影系 $\mathbf{G} = (G_i,h_i : G_{i+1} \to G_i)$ が **Mittag-Leffler 条件を満たす**とは，$\mathbf{G}$ が全射準同型からなる群の射影系 $(H_i,k_i : H_{i+1} \to H_i)$ と pro-Grp において同型であることとする。

◆ **定義 7.11**　one-ended な局所コンパクト可分 ANR 空間 X が

(1) **無限遠において単連結** (simply connected at infinity) とは pro-$\pi_1(\mathcal{E}(X),r)$ が任意の proper ray r に対して自明であることである。

(2) **無限遠において半安定** (semistable at infinity) とは，任意の proper ray $r:[0,\infty) \to X$ に対して pro-$\pi_1(\mathcal{E}(X),r)$ が Mittag-Leffeler 条件を満たすことである。

次の定理の証明も省略する。

◇ **定理 7.12** [70, Proposition 3.4.36, Proposition 3.4.37]　X は one-ended 局所コンパクト可分 ANR 空間とする。

(1)　X が無限遠において単連結である $\iff$ 任意のコンパクト集合 C に対して以下の条件を満たすコンパクト集合 $D \supset C$ が存在する: $X \setminus D$ 内の任意のループは $X \setminus C$ において零ホモトピックである。

(2)　X が無限遠において半安定である $\iff$ 任意の proper ray $r, s :$ $[0, \infty) \to X$ が properly ホモトピックである。

特に X が無限遠において半安定なら, pro-$\pi_1(\mathcal{E}(X), r)$ の pro-Grp における同型類は proper ray r の取り方によらない。

pro-$\pi_1(\mathcal{E}(X))$ は X の位相をかなり強く規定する。例えば:

◇ **定理 7.13 (Stallings 1962)** [70, Theorem 3.5.3]　$n \geq 5$ として, M^n を可縮で境界を持たない n 次元 PL 多様体とする。M^n が $\mathbb{R}^n$ と位相同型であるための必要十分条件は, M^n が無限遠において単連結であることである。

◇ **系 7.14**　M が可縮で境界を持たない $n(\geq 4)$ 次元 PL 多様体とする。このとき $M \times \mathbb{R}$ は $\mathbb{R}^{n+1}$ と同相である。

証明　$M \times \mathbb{R}$ は無限遠で単連結であるからである。　　　　　　□

多様体の $\mathcal{Z}$-コンパクト化は多様体であるとは限らない。一方で Edwards の定理（定理 6.2）を用いて次が示されている。

◇ **定理 7.15** [2]　M^n を $n(\geq 5)$ 次元位相多様体で $\mathcal{Z}$-コンパクト化 $\bar{M} = M \cup Z$ を持つとする。このとき $\bar{M}$ の「ダブル」$\bar{M} \cup_Z \bar{M}$ は位相多様体である。

次節においては幾何学的群論における $\mathcal{Z}$-コンパクト化に関する結果をいくつか紹介する。

7.3 群の $\mathcal{Z}$-structure と $\mathcal{Z}$-境界

群 G が **type F を持つ**とは Eilenberg-MacLane 複体 $K(G,1)$ として有限 CW 複体が取れることである。例えば自由アーベル群，種数 2 以上の向き付け可能閉曲面の基本群（もっと一般にねじれを持たない Gromov 双曲群），ねじれを持たない CAT(0) 群はすべて type F を持つ。type F を持つ群は有限表示群で，かつねじれを持たない。type F をもつ群 G の $K(G,1)$ 複体として有限 CW 複体 K_G をとり，その普遍被覆 $\tilde{K}_G$ をとる。$\tilde{K}_G$ の proper ホモトピー型は G のみによって決まり（[70, Corollary 3.3.5, Proposition 3.4.12]），したがって pro-$\pi_1(\mathcal{E}(\tilde{K}_G))$ 等の pro-Grp における同型類は G の不変量である。このようにして，G の性質を調べるために前節で述べた概念を適用することができる。

G を有限表示群とする。2 次元有限 CW 複体 K で基本群が G と同型なものをとり，K に 3 次元以上の胞体を貼り付けて得られる $K(G,1)$ 複体を K_G とおき，K_G の普遍被覆を $\tilde{K}_G$ とする。$\tilde{K}_G$ が one-ended と仮定する（このとき G は one-ended であるという）。$\tilde{K}_G$ の 2 次元骨格は K の普遍被覆 $\tilde{K}$ であるから，pro-$\pi_1(\mathcal{E}(\tilde{K}_G))$ の無限遠における半安定性は G によって決まる。

未解決問題（半安定性予想）任意の one-ended 有限表示群は無限遠において半安定であるか？

Gromov 双曲群，Coxeter 群，Artin 群に対して半安定性予想が成り立つことが知られている（[70, Theorem 3.6.8] とそこにある文献参照）。

これらの研究を統一的に扱う枠組みが Bestvina によって提唱された「群の $\mathcal{Z}$-境界」の概念である。ここでは Dranishnikov によって修正提案された概念を [71] に沿って述べる。距離空間 (X,d) が **proper 距離空間**であるとは，任意の $x \in X$ と任意の $R > 0$ に対して，x を中心とする半径 R の閉球 $B(x;R) = \{y \in X \mid d(y,x) \leq R\}$ がコンパクトであることであった（定義 6.34）。

◆ **定義 7.16** 群 G の proper 距離空間 (X,d) への作用が**幾何学的**であるとは，以下の 3 条件が成り立つことである。

(1) G は X 上に固有不連続に作用する，即ち任意のコンパクト集合 K に対

して $\{g \in G \mid gK \cap K \neq \emptyset\}$ は有限集合である.

(2)　G の任意の元は (X, d) 上の等長変換として作用する.

(3)　(cocompactness) 軌道空間 X/G はコンパクトである.

◆ **定義 7.17**[10]　群 G に対してコンパクト AR 空間 $\bar{X}$ とその閉集合 Z が以下の条件を満たすとき,組 $(\bar{X}, Z)$ を G の **$\mathcal{Z}$-structure** という.

(1)　Z は $\bar{X}$ の Z-set である.

(2)　$X := \bar{X} \setminus Z$ 上の proper 距離 d で以下を満たすものが存在する:

(2.1)　G は (X, d) 上に幾何学的に作用する.

(2.2)　(nullity condition) 任意の X のコンパクト集合 C と $\bar{X}$ の任意の開被覆 $\mathcal{U}$ に対して,有限個を除くすべての $g \in G$ に対し,$gC \subset U_g \in \mathcal{U}$ を満たす $U_g \in \mathcal{U}$ (g に依存する) が存在する.

◆ **例 7.18**　(1)　$\mathbb{Z}^2$ が 2 次元ユークリッド空間 $\mathbb{R}^2$ に平行移動として標準的に作用しているとする.$\mathbb{R}^2$ に無限遠円周 S_∞ を付け加えて自然にコンパクト化したものを $\bar{X}$ とする.このとき $(\bar{X}, S_\infty)$ は $\mathbb{Z}^2$ の $\mathcal{Z}$-structure である.同様に種数 2 以上の閉曲面の基本群 $\pi_1(\Sigma_g)$ が双曲平面 $\mathbb{H}^2$ に幾何学的に作用しているとき,無限遠円周 S_∞ に対して $(\mathbb{H}^2, S_\infty)$ は $\pi_1(\Sigma_g)$ の $\mathcal{Z}$-structure である.より一般に:

(2)　(X, d) を proper CAT(0) 空間,$x_0 \in X$ とする (定義 6.35).x_0 を始点とする測地的半直線全体

$$\mathcal{R} = \{\gamma : [0, \infty) \to X \mid \gamma(0) = x_0, \ d(\gamma(s), \gamma(t)) = |s - t|, \ s, t \in [0, \infty)\}$$

にコンパクト開位相を入れた空間 $\partial_\infty X$ はコンパクト距離空間であり,その位相型は x_0 の取り方によらずに一意に定まる.$\bar{X} := X \cup \partial_\infty X$ が X の距離化可能なコンパクト化であるように位相を入れることができ,$\partial_\infty X$ は $\bar{X}$ の Z-set である.群 G が proper な CAT(0) 空間 (X, d) に幾何学的に作用するとすると,$\bar{X} = X \cup \partial_\infty X$ は G の $\mathcal{Z}$-structure である.

(3)　Gromov 双曲群 G の有限生成系限生成系 S を固定し,S に関する word metric d_S によって (G, d_S) を距離空間とみなす.$\rho > 0$ に対して G の元を頂点集合とする単体的複体 $R_\rho(G)$ を

$g_1, \ldots, g_n \in G$ が $R_\rho(G)$ の単体を張る $\Longleftrightarrow$

$d_S(g_i, g_j) < \rho, \ i, j = 1, \ldots, n$

と定め，G の **Rips 複体**という。十分大きな $\rho > 0$ をとると，$R_\rho(G)$ に G の境界 ∂G を付け加えて，$\overline{R_\rho(G)} = R_\rho(G) \cup \partial G$ が $R_\rho(G)$ のコンパクト化であるように位相を入れることができ，更に $(\overline{R_\rho(G)}, \partial G)$ は G の $\mathcal{Z}$-structure を与える。

未解決問題 (1996 [10, 3.1, Question]) type F を持つ群は常に $\mathcal{Z}$-structure を持つか？

[10, p.135] に述べられているコメントも参照。

次に境界のコホモロジー次元と群のコホモロジー次元の関係を与える Bestvina-Mess の公式を証明する。群 G の可換環 R に関するコホモロジー次元を $\mathrm{cd}_R G$ と表す。以下の定理を用いる ([22])。

◇ **定理 7.19**　群 G が可縮な CW 複体 Y に自由かつ Y/G がコンパクトであるような cellular 作用を持つとする。このとき単位元を持つ可換環 R に対して以下が成り立つ。

$$\mathrm{cd}_R G = \max\{n \mid \mathrm{H}_c^n(Y; R) \neq 0\}. \tag{7.2}$$

ここで $\mathrm{H}_c^n(Y; R)$ は Y のコンパクト台を持つ（特異）コホモロジーを表す。

Bestvina-Mess は [13] において，以下の公式を Gromov 双曲群に対して示した。

◇ **定理 7.20 (Bestvina-Mess [13], [43])**　$(\bar{X}, Z)$ を群 G 上の $\mathcal{Z}$-structure とする。単項イデアル整域 R に対して $\mathrm{cd}_R G < \infty$ なら $\dim_R Z = \mathrm{cd}_R G - 1$.

証明　簡単のため，X は局所有限な有限次元多面体で G はねじれを持たないと仮定する。すると G は X 上に自由にかつ X/G に作用しているからコホモロジー次元 $\mathrm{cd}_R G$ に関する公式 (7.2) を用いることができる。この状況では Bestvina-Mess の証明がほぼそのまま適用できる。X の有限次元性および単体分割可能性を仮定しない証明および G がねじれを持っている場合の定式化および証明は [43] を参照。

以下 $\mathrm{cd}_R G = n$ とおき，係数環 R を省略する。$\mathrm{H}_c^n(X) \neq 0$ だから $(\bar{X}, Z)$ に関するコホモロジー完全列と，$\bar{X}$ が AR，したがって簡約コホモロジーが消えることから，

$$\check{\mathrm{H}}^{n-1}(Z) \cong \check{\mathrm{H}}^n(\bar{X}, Z) \cong \mathrm{H}_c^n(X) \neq 0$$

より $\dim_R Z \geq n-1$ を得る。

逆向きの不等号を示すために $\dim X = m < \infty$ とおく。$m \geq n$ に注意する。
(1) $m \geq n+1$ のとき：

$C_c^i(X)$ を X 上のコンパクト台を持つ R 係数の i-コチェイン群とする。X/G がコンパクトだから $C_c^i(X)$ は RG-加群として有限生成である。コチェイン z の台を $\mathrm{supp}(z)$ とおく。ここでは自然数 K に対して $N(\mathrm{supp}(z), K)$ で X の単体分割に関する K 回の星状閉近傍 $\mathrm{st}^K(\mathrm{supp}(z))$ をあらわす。またコバウンダリー作用素を $\delta : C_c^i(X) \to C_c^{i+1}(X)$ とする。

◇ **補題 7.21**　以下を満たす $K > 0$ が存在する：$i > n$ と任意のコサイクル $z \in C_c^i(X)$ に対して，$(i-1)$-コチェイン w が $z = \delta(w)$ かつ $\mathrm{supp}(w) \subset N(\mathrm{supp}(z), K)$ を満たすよう存在する。

ひとまず上の補題を認めて，(1) の仮定の下で定理の証明を完了しよう。$\dim_R Z = i \geq n$ と仮定して矛盾を導く。Z の閉集合 A を $\check{\mathrm{H}}^i(Z, A) \neq 0$ をみたすようにとる。Z が Z-set だから定理 6.28 からホモトピー $\hat{H} : \bar{X} \times [0, 1] \to \bar{X}$ を $\hat{H}_0 = \mathrm{id}_{\bar{X}}, \hat{H}_t(\bar{X}) \cap Z = \emptyset, \ t \in (0, 1]$ を満たすようにとれる。連続関数 $\alpha : X \to [0, 1]$ を $\alpha^{-1}(0) = A$ ととって，$H(x, t) = \hat{H}(x, \alpha(x)t), \ (x, t) \in X \times [0, 1]$ とおくと以下が成り立つ：

$$H_0 = \mathrm{id}_{\bar{X}}, \ H_t|A = \mathrm{id}_A, \ H((\bar{X} \setminus A) \times (0, 1]) \subset X. \tag{7.3}$$

$\bar{X}$ のコンパクト部分集合 B_0, B_1, B_2 を以下のようにとる。

(i)　$H_1(\bar{X}) \subset B_2 \subset H(B_2 \times [0, 1]) \subset B_1 \subset H(B_1 \times [0, 1]) \subset B_0,$

(ii)　$B_j \cap Z = A, \ j = 0, 1, 2,$

(iii)　各 $B_j \cap X$ は X の部分多面体でかつ $N(B_1 \cap X, K) \subset B_0.$

このとき

(iv) 包含写像 $(X, B_1 \cap X) \hookrightarrow (X, B_0 \cap X)$ は零写像 $0 : \mathrm{H}_c^{i+1}(X, B_0 \cap X) \to \mathrm{H}_c^{i+1}(X, B_1 \cap X)$ を導く.

実際コサイクル $z \in C_c^{i+1}(X, B_0 \cap X)$ の台は $B_0 \cap X$ と交わらないから, 補題 7.21 を用いてコチェイン $w \in C_c(X)$ を $z = \delta w, \mathrm{supp}(w) \subset N(\mathrm{supp}(z), K)$ を満たすようにとると, $\mathrm{supp}(w)$ は $B_1 \cap X$ と交わらず, したがって $w \in C_c^i(X, B_1 \cap X)$ である.

3 対 $(\bar{X}, Z \cup B_j, B_j)$ に関する Čech-コホモロジー完全列からなる次の可換図式を考える.

$$
\begin{array}{ccccc}
\check{\mathrm{H}}^i(\bar{X}, B_0) & \longrightarrow & \check{\mathrm{H}}^i(Z \cup B_0, B_0) & \xrightarrow{\;j_0\;} & \check{\mathrm{H}}^{i+1}(\bar{X}, Z \cup B_0) \\
\downarrow{\scriptstyle r_0} & & \downarrow{\scriptstyle s_0} & & \downarrow{\scriptstyle i_0} \\
\check{\mathrm{H}}^i(\bar{X}, B_1) & \longrightarrow & \check{\mathrm{H}}^i(Z \cup B_1, B_1) & \xrightarrow{\;j_1\;} & \check{\mathrm{H}}^{i+1}(\bar{X}, Z \cup B_1) \\
\downarrow{\scriptstyle r_1} & & \downarrow{\scriptstyle s_1} & & \downarrow{\scriptstyle i_1} \\
\check{\mathrm{H}}^i(\bar{X}, B_2) & \longrightarrow & \check{\mathrm{H}}^i(Z \cup B_2, B_2) & \xrightarrow{\;j_2\;} & \check{\mathrm{H}}^{i+1}(\bar{X}, Z \cup B_2)
\end{array}
$$

包含写像 $(\bar{X}, B_2) \hookrightarrow (\bar{X}, B_1)$ は合成写像 $\mathrm{incl} \circ H_1 : (\bar{X}, B_2) \to (B_2, B_2) \hookrightarrow (\bar{X}, B_1)$ とホモトピックだから $r_1 = 0$. 同様に $r_0 = 0$. 包含写像 $(Z \cup B_1, B_1) \hookrightarrow (Z \cup B_0, B_0)$ は relative homeomorphism だから s_0 は同型写像, 同様に s_1 も同型写像である. ここから j_0, j_1 が単射であることがわかる. これらと同型 $\check{\mathrm{H}}^i(Z \cup B_0, B_0) \cong \check{\mathrm{H}}^i(Z, A) \neq 0$ を合わせると, $i_0 \neq 0$ が得られる. 一方で $\check{\mathrm{H}}^{i+1}(\bar{X}, Z \cup B_0) \cong \mathrm{H}_c^{i+1}(X, B_0 \cap X)$, $\check{\mathrm{H}}^{i+1}(\bar{X}, Z \cup B_1) \cong \mathrm{H}_c^{i+1}(X, B_1 \cap X)$ だからこれは (iv) に矛盾する.

これで定理の結論が得られた. $\qquad\qquad\square$

補題 7.21 の証明 証明はいわば「コントロール付き非輪状モデルの方法」である. $i = n+1, \dots, m$ に対して $\Delta^i : C_c^i(X) \to C_c^{i-1}(X)$ を

$$
\delta \Delta^i + \Delta^{i+1} \delta = \mathrm{id}_{C_c^i(X)}
$$

を満たすように構成する. X の単体 σ の双対コチェインを $\hat{\sigma}$ で表す: $\hat{\sigma}_i(\tau) = \delta_{\sigma_i \tau} \in R$. X/G はコンパクトだから $C_c^i(X)$ は RG-加群として有限生成であ

り，生成系として有限個の i 単体 $\sigma_1, \ldots, \sigma_{N_i}$ の双対 cochain $\hat{\sigma}_1, \ldots, \hat{\sigma}_N$ をとることができる。

$C_c^{m+1}(X) = 0$, また，$m \geq n+1$ より $\mathrm{H}_c^m(X) = 0$ だから，各 $j = 1, \ldots, N_m$ に対して $\hat{\sigma}_j = \delta(\tau_j)$ をみたす m-コチェイン τ_j が取れる。$K_m > 0$ を十分大きくとって $\mathrm{supp}(\tau_j) \subset N(\sigma_j, K_m), j = 1, \ldots, N_m$ となるようにする。$\Delta^m(\hat{\sigma}_j) = \tau_j$ とおく。G の X 上の作用が自由であったから任意の m 単体 σ に対して $\sigma = g \cdot \sigma_j$ を満たす $g \in G$ と σ_j が一意的に定まる。よって上の定義式から $\Delta^m : C_c^m(X) \to C_c^{m-1}(X)$ が well-defined に定まり

$$\delta \Delta^m(c) = c, \quad \text{かつ } \mathrm{supp}(\Delta^m(c)) \subset N(\mathrm{supp}(c), K_m)$$

が成り立つ。$m \geq i+1 > i \geq n+1$ として，$\Delta^{i+1} : C^{i+1}(X) \to C^i(X)$ が定まったとしよう。$C_i(X)$ の RG-加群としての生成系 $\sigma_1, \ldots, \sigma_{N_i}$ をとり $A_j = \hat{\sigma}_j - \Delta^{i+1}\delta(\hat{\sigma}_j)$ とおくと A_j はコサイクルである。再び $H_c^i(X) = 0$ から $A_j = \delta\tau_j$ を満たす $\tau_j \in C_c^{i-1}(X)$ をとって $\Delta^i(\hat{\sigma}_j) = \tau_j$ とおけば $\Delta^i : C_c^i(X) \to C_c^{i-1}(X)$ が得られる。K_i を $\mathrm{supp}(\tau_j) \subset N(\sigma_j, K_i), j = 1, \ldots, N_i$ が成り立つように大きくとれば，任意の i-コチェイン c に対して

$$c = \delta\Delta^i(c) + \Delta^{i+1}\delta(c), \quad \mathrm{supp}(\Delta^i(c)) \subset N(c, K_i)$$

がなりたつ。最後に $K > \max(K_n, \ldots, K_m)$ とおけば K が求めるものである。これで補題が証明され，(1) の仮定の下での定理の証明が終わった。

(2) $m = n$ のとき：$\dim_R Z = n$ と仮定して矛盾を導く。$\dim X = n$ だから $\dim_R \bar{X} = n$ に注意する。

Z の閉集合 A を $\check{\mathrm{H}}^n(Z, A) \neq 0$ をみたすようにとる。ホモトピー $H : \bar{X} \times [0,1] \to \bar{X}$ を (7.3) の様にとり，$\bar{X}$ のコンパクト部分集合 B_1, B_2 を以下のようにとる：

- $H_1(\bar{X}) \subset B_2 \subset H(B_2 \times [0,1]) \subset B_1,$
- $B_j \cap Z = A, \ j = 0, 1, 2.$

このとき包含写像 $(\bar{X}, B_2) \hookrightarrow (\bar{X}, B_1)$ は合成写像 incl $\circ H_1 : (\bar{X}, B_2) \to (B_2, B_2) \hookrightarrow (\bar{X}, B_2)$ とホモトピックだから次が成り立つ。

- 包含写像 $(\bar{X}, B_2) \hookrightarrow (\bar{X}, B_1)$ は零写像 $0 : \check{H}^n(\bar{X}, B_1) \to \check{H}^n(X, B_2)$ を導く。

次の可換図式を考える：

$$
\begin{array}{ccccc}
\check{H}^n(\bar{X}, B_1) & \longrightarrow & \check{H}^n(Z \cup B_1, B_1) & \xrightarrow{\ j_1\ } & \check{H}^{n+1}(\bar{X}, Z \cup B_1) \\
\downarrow{\scriptstyle 0} & & \downarrow{\scriptstyle \cong} & & \downarrow{\scriptstyle i} \\
\check{H}^n(\bar{X}, B_2) & \longrightarrow & \check{H}^n(Z \cup B_2, B_2) & \xrightarrow{\ j_2\ } & \check{H}^{n+1}(\bar{X}, Z \cup B_1)
\end{array}
$$

(1) と同様の議論によって j_1 が単射であることがわかる。$\check{H}^n(Z \cup B_1, B_1) \cong \check{H}^n(Z, A) \neq 0$ だから，$\check{H}^{n+1}(\bar{X}, Z \cup B_1) \neq 0$. これは $\dim_R \bar{X} = n$ に矛盾する。

以上で証明が終わった。　　　　　　　　　　　　　　　　　　　　　□

coarse 幾何学（粗幾何学）においては，ある群が作用する空間の漸近幾何学が問題となることが多い（[66], [97],[107] 等）。以下 coarse 幾何学に関わる概念と $\mathcal{Z}$-コンパクト化に関わる結果をいくつか紹介する。用語法は [71] に従う。

◆ **定義 7.22**　$(X, d_X), (Y, d_Y)$ を proper 距離空間，$f, g : X \to Y$ を（連続とは限らない）写像とする。

(1)　f が以下を満たすとき **coarse 写像**という：

(1.1)　(metric properness) 任意の有界集合 B に対して，$f^{-1}(B)$ も有界である。

(1.2)　(bornologousness, あるいは large scale uniformness) 任意の $R > 0$ に対して次を満たす $S > 0$ が存在する：

$$d_X(x_1, x_2) < R \Rightarrow d_Y(f(x_1), f(x_2)) < S.$$

(2)　coarse 写像 f, g が **boundedly close** とは，以下を満たす $C > 0$ が存在することである：$d_Y(f(x), g(x)) < C, \ \forall x \in X$. このとき $f \sim g$（定数 C を明示したいときは $f \sim_C g$）と表す。

(3)　f が **large scale dense**（あるいは quasi-dense）とは，$D > 0$ が $N_{d_Y}(f(X), D) = X$ を満たすように存在すること。

(4) coarse 写像 $h : Y \to X$ が存在して $h \circ f \sim \mathrm{id}_X$, $f \circ h \sim \mathrm{id}_Y$ が成り立つとき，coarse 写像 f は **coarse 同値写像**であるという。

(4) coarse 写像 f が**擬等長写像** (quasi-isometry) であるとは定数 $A, B > 0$ が以下を満たすように存在することである：

$$\frac{1}{A}d_X(x_1, x_2) - B \leq d_Y(f(x_1, f(x_2)) \leq Ad_X(x_1, x_2) + B, \quad \forall x_1, x_2 \in X$$

(5) 擬等長写像 f が large scale dense でもあるとき，**擬等長同型写像**であるという。

擬等長同型写像が coarse 同値写像であることは定義から確かめることができる。逆に

◇ **定理 7.23**（[66, 命題 1.1.15] 参照） $f : (X, d_X) \to (Y, d_Y)$ が測地的距離空間の間の coarse 写像とする。このとき f は擬等長同型である。

ここで (X, d) が測地的距離空間とは，X の任意の 2 点 x, y に対して等長写像 $\gamma : [0, d(x, y)] \to X$ で $\gamma(0) = x, \gamma(d(x, y)) = y$ を満たすものが存在することである。coarse 幾何学における位相次元の類似概念として以下の漸近次元が用いられる。漸近次元についての解説は [8] 参照。

◆ **定義 7.24** (X, d) を proper 距離空間とする。

(1) X の部分集合族 $\mathcal{A}$ が $\sup\{\mathrm{diam}_d(A) \mid A \in \mathcal{A}\} < \infty$ を満たすとき，$\mathcal{A}$ を**一様有界**であるという。

(2) X の**漸近次元** $\mathrm{asdim}\, X$ を以下を満たす最小の非負整数 n とする：任意の X の一様有界開被覆 $\mathcal{U}$ に対して一様有界開被覆 $\mathcal{V}$ で $\mathcal{U}$ は $\mathcal{V}$ の細分であり，かつ $\mathrm{ord}\, \mathcal{U} \leq n + 1$ を満たすものが存在する。

(3) X の **macroscopic 次元** $\dim_{\mathrm{mc}} X$ を以下を満たす最小の非負整数 n とする：X の一様有界開被覆 $\mathcal{U}$ で $\mathrm{ord}\, \mathcal{U} \leq n + 1$ を満たすものが存在する。

定義から $\dim_{\mathrm{mc}} X \leq \mathrm{asdim} X$ が成り立つ。以下では距離空間 (X, d) の点 $x \in X$ を中心とする半径 R の開球・閉球をそれぞれ $O(x, R), B(x, R)$ と表す。

◆ **定義 7.25** 距離空間 (X, d) が**一様可縮**であるとは, 任意の $R > 0$ に対して以下を満たす $S > 0$ が存在することとする:任意の $x \in X$ に対して包含写像 $B(x, R) \hookrightarrow B(x, S)$ は零ホモトピック.

◇ **命題 7.26** [71, Lemma 4.8] 群 G が可縮な proper 距離空間 (X, d) に幾何学的作用を持つとする. このとき $\dim_{\mathrm{mc}} X < \infty$ かつ X は一様可縮である.

証明 $a \in X$ と $T > 0$ を $G \cdot O(a, T) = X$ を満たすように固定する. $S = \{g \in G \mid gO(a, T) \cap O(a, T) \neq \emptyset\}$ とおくと, S は有限集合である. $\mathcal{U} = \{gO(a, T) \mid g \in G\}$ は X の一様有界な開被覆である. $\operatorname{ord} \mathcal{U}$ を評価するため $\bigcap_{i=1}^{k} g_i O(a, T) \neq \emptyset$ とする. $O(a, T) \cap g_i g_1^{-1} O(a, T) \neq \emptyset$ だから $\{g_i g_1^{-1} \mid i = 2, \ldots, n\} \subset S$ より $k - 1 \leq |S|$, よって $\operatorname{ord} \mathcal{U} \leq |S| + 1$.

一様可縮性を証明するために, $R > 0$ と $a \in X$ を任意にとる. X は可縮だから $B(a, T + R) \hookrightarrow X \simeq 0$. X が proper だから, $S > 0$ を大きくとって $\operatorname{incl} \simeq 0 : B(a, T + R) \hookrightarrow B(a, S)$ が成り立つようにできる. $g \in G$ を $d(x, ga) < T$ とすると, g は等長的だから

$$B(x, R) \subset B(ga, R + T) = gB(a, R + T) \hookrightarrow gB(a, S) \subset B(x, S + T)$$

から $\operatorname{incl} : B(x, R) \hookrightarrow B(x, S + T) \simeq 0$. □

次の補題は, 群 G の coarse 幾何学的性質とそれが作用する距離空間の coarse 幾何学的性質を結ぶ基本定理である.

◇ **定理 7.27 (Švarc-Milnor の補題)** [21] 群 G は proper な連結距離空間 (X, d) に幾何学的作用を持つとする.

(1) G は有限生成である. G の word metric を 1 つ固定し γ とする.

(2) $x_0 \in X$ を任意に固定する. $\operatorname{ev}_{x_0} : (G, \gamma) \to (X, d); g \mapsto gx_0$ は擬等長同型である.

ここでは [21] に従って証明する. 集合 S に対して関数 $\rho : S \times S \to [0, \infty)$ が S 上の**擬距離**であるとは, S の任意の点 a, b, c に対して, $\rho(a, a) \geq 0$, $\rho(a, b) = \rho(b, a)$ および $\rho(a, c) \leq \rho(a, b) + \rho(b, c)$ が成り立つことである. 群 G の擬距離 ρ が左不変な **proper large scale metric** であるとは

(i)　任意の $g \in G$ に対して $\{h \in G \mid \rho(g,h) = 0\}$ が有限集合,

(ii)　任意の $g \in G$ と $r > 0$ に対して $B_\rho(g,r)$ が有限集合,

(iii)　任意の $g,g_1,g_2 \in G$ に対して $\rho(gg_1, gg_2) = \rho(g_1, g_2)$

が成り立つことである。

◇ **補題 7.28**　(1)　G 上に 2 つの左不変な proper large scale metric ρ_1, ρ_2 が与えられたとする。このとき $\mathrm{id}_G : (G, \rho_1) \to (G, \rho_2)$ は coarse 同値写像である。

(2)　G が proper 距離空間 (X, d) に固有不連続かつ等長的に作用すると仮定する。点 $x_0 \in X$ を固定して擬距離 d_G を

$$\rho_G(g,h) = d(gx_0, hx_0), \ g, h \in G \tag{7.4}$$

と定義すると，ρ_G は左不変な proper large scale metric である。

証明　(1) $R > 0$ に対して $B_{\rho_1}(1_G, R)$ が有限集合であることに注意して $S = \max\{\rho_2(g, 1_G) \mid g \in B_{\rho_1}(1_G, R)\}$ とおく。左不変性より $\rho_1(g, h) < R \Rightarrow \rho_2(g, h) < S$ が確かめられるから $\mathrm{id}_G : (G, \rho_1) \to (G, \rho_2)$ は bornologous である。ρ_1 と ρ_2 を入れ替えて議論を繰り返し，結論が得られる。(2) は定義から直接に確かめられる。　　　　　　　　　　　　　　□

定理 7.27 の証明　(1) $r > 0$ を大きくとって $G \cdot O(x_0, r) = X$ を満たすようにとり $S = \{g \in G \mid (g \cdot O(x_0, r)) \cap O(x_0, r) \neq \emptyset\}$ とおく。S は有限集合である。S が生成する G の部分群 H をとる。$H = G$ を示すため X の開集合 U, V を

$$U = H \cdot O(x_0, r), V = (G \setminus H) \cdot O(x_0, r)$$

とおく。$U \cap V \neq \emptyset$ とすると，$x, y \in N(x_0, r)$ と $g \in H, k \notin H$ が $gx = ky$ となるよう取れるから $k^{-1}g \in S \subset H$ より $k \in H$ を得て矛盾である。よって U と V は交わらない。X が連結だから $U = X, V = \emptyset$ より $G = H$. したがって G は有限生成である。

(2) G 上の左不変な proper large scale metric ρ_G を (7.4) によって定義する。(G, d_G) と (G, ρ_G) は coarse 同値である。G の X への作用が cocompact だか

ら，(G, ρ_G) と (X, d) は coarse 同値，したがって (G, d_G) と (X, d) も coarse 同値である。　　　　　　　　　　　　　　　　　　　　□

次の定理は $\mathcal{Z}$-境界のトポロジーと G の漸近距離的性質の関係を与える。証明は省略する。

◇ **命題 7.29 ([72], [94])** $(\bar{X}, Z)$ を G の $\mathcal{Z}$-structure, $X = \bar{X} \setminus Z$ 上の proper metric d を G の幾何学的作用に付随するものとする。このとき

(1) $\dim Z < \infty$.

(2) G は有限生成で，その word metric d_G を任意に固定するとき，$\dim Z \leq \mathrm{asdim}(X, d) - 1 = \mathrm{asdim}(G, d_G) - 1$.

定理 7.20 と定理 5.6 から：

◇ **系 7.30**[13] $(\bar{X}, Z)$ を G の $\mathcal{Z}$-structure, $X = \bar{X} \setminus Z$ 上の proper metric d を G の幾何学的作用に付随するものとする。G がねじれを持たず $\mathrm{cd}_{\mathbb{Z}} G < \infty$ ならば，$\dim Z = \mathrm{cd}_{\mathbb{Z}} G - 1$ が成り立つ。

次の定理によって擬等長同型から proper ホモトピー同値写像を導くことができる。

◇ **定理 7.31**[71, Proposition 5.2] $f : (X, d_X) \to (Y, d_Y)$ を proper 距離空間の間の bornologous 写像で

(1) $\dim_{\mathrm{mc}}(X, d_X) < \infty$,

(2) (Y, d_Y) は一様可縮な ANR 空間

とする。このとき連続な bornologous 写像 $\varphi : X \to Y$ が $\varphi \sim f$ を満たすように存在する。もし f が X の閉集合 E 上で連続なら，$\varphi | E = f | E$ とすることができる。

◇ **補題 7.32** $\mathcal{U}$ を (X, d) の一様有界な開被覆で $\mathrm{ord}\, \mathcal{U} \leq n + 1$ を満たすとする。このとき一様有界な閉集合の族 $\mathcal{A}^0, \ldots, \mathcal{A}^n$ が次を満たすように存在する。

(1) $\bigcup_{i=0}^{n} \cup \{ A \mid A \in \mathcal{A}^i \} = X$,

(2)　$i = 0, \ldots, n$ に対して $\mathcal{A}^i$ は離散族である，即ち任意の $x \in X$ に対して x の近傍 U が $\mathcal{A}^i$ の高々 1 つのメンバーとだけ交わるようにとれる．

証明　$\mathcal{U}$ の脈複体 $N_{\mathcal{U}}$ への標準写像 $\pi_{\mathcal{U}} : X \to N_{\mathcal{U}}$ をとり（定義 2.2），$\dim N_{\mathcal{U}} \leq n$ に注意する．$i = 0, \ldots, n$ に対して

$$\mathcal{B}^i = \{ \mathrm{st}(b_\sigma, \mathrm{sd}^2 N_{\mathcal{U}}) \mid \sigma \in N_{\mathcal{U}}, \dim \sigma = i \},$$

とおく．但し b_σ は σ の重心を，$\mathrm{sd}^2 N_{\mathcal{U}}$ は $N_{\mathcal{U}}$ の 2 回の重心細分（付録参照）を表す．$\mathcal{B}^i$ は $N_{\mathcal{U}}$ において (1),(2) に対応する条件を満たすから，$\mathcal{A}^i = \pi_{\mathcal{U}}^{-1}(\mathcal{B}^i)$ とおけばよい．　　　　　　　□

定理 7.31 の証明　$\dim_{\mathrm{mc}} X = n$ として，一様有界な開被覆 $\mathcal{U}$ を $\mathrm{ord}\, \mathcal{U} \leq n+1$ を満たすようにとる．$\mathcal{U}$ に対する $\mathcal{A}^0, \ldots, \mathcal{A}^n$ を上の補題のものとして $\mathcal{A} = \bigcup_{i=0}^n \mathcal{A}^i$, $K = \sup\{\mathrm{diam}_d A \mid A \in \mathcal{A}\}$ とおく．$\mathcal{A}$ の各メンバー A に対して点 $p_A \in A$ を一つずつ選ぶ．$\{p_A \mid A \in \mathcal{A}\}$ は離散集合であることに注意する．

閉集合の単調増加列

$$E = C_{-1} \subset C_0 \subset \cdots \subset C_n = X$$

を $C_i = C_{i-1} \cup \bigcup_{A \in \mathcal{A}^i} A$ と定める．連続な f の近似写像 $g : X \to Y$ を各 C_i 上で帰納的に構成する．まず $L > 0$ を

$$d_X(x_1, x_2) < K \Rightarrow d_Y(f(x_1), f(x_2)) < L$$

をみたすようにとる．連続写像 $g_i : C_i \to Y$ と $L_i > 0$ が $g_i =_{2L_i} f|C_i$ を満たすように構成されたとする．K, L の取り方から $A \in \mathcal{A}^{i+1}$ に対して $f(A) \subset B(f(p_A), L)$ だから $g_i(C_i \cap A) \subset B(f(p_A), L + 2L_i))$ が成り立つ．Y の一様可縮性を用いて $L_{i+1} > L + 2L_i$ を

$$(\mathrm{incl} : B(y, L + 2L_i) \hookrightarrow B(y, L_{i+1})) \simeq 0, \quad \forall y \in Y$$

をみたすようにとり，ホモトピー拡張定理（定理 4.9）を用いて $g_i | C_i \cap A : C_i \cap A \to B(f(p_A), L + 2L_i) \hookrightarrow B(f(p_A), L_{i+1})$ の連続拡張 $g_i^A : A \to$

$B(f(p_A), L_{i+1})$ をとる。$L + L_{i+1} < 2L_{i+1}$ だから $g_{i+1}^A =_{2L_{i+1}} f|A$. ここで $\mathcal{A}^{i+1}$ は互いに素な閉集合の離散族だから，$g_{i+1} = \bigcup_{A \in \mathcal{A}^{i+1}} g_{i+1}^A : C_{i+1} \to Y$ は連続で $g_{i+1} =_{2L_{i+1}} f|C_{i+1}$ を満たす。

これを繰り返して $\varphi = g_n$ とすれば φ が求めるものである。　　　□

◇ **系 7.33**　$(X, d_X), (Y, d_Y)$ は proper 距離空間で $\dim_{\mathrm{mc}}(X, d_X) < \infty$, (Y, d_Y) は一様可縮な ANR 空間とする。$f, g : X \to Y$ を連続な coarse 写像として $f \sim g$ と仮定する。このとき f と g を結ぶ連続ホモトピー $H : X \times [0,1] \to Y$ で $\sup\{\mathrm{diam}_{d_Y}(H(\{x\} \times [0,1])) \mid x \in X\} < \infty$ を満たすものが存在する。

証明　$\dim_{\mathrm{mc}}(X \times [0,1]) < \infty$ だから，$X \times [0,1]$ と $f \amalg g : X \times \{0,1\} \to Y$ に対して前定理を用いればよい。　　　□

◇ **定理 7.34**[71, Theorem 1.5]　G, H を有限生成群で word metric d_G, d_H を持つとする。G, H がそれぞれ proper な ANR 距離空間 $(X, d_X), (Y, d_Y)$ に幾何学的に作用するとする。(G, d_G) と (H, d_H) が擬等長同型とするとき以下が成り立つ。

(1)　X と Y は proper ホモトピー同値である。

(2)　$(\bar{X}, Z), (\bar{Y}, W)$ がそれぞれ G, H 上の $\mathcal{Z}$-structure とする。このとき $\mathrm{Sh}(Z) = \mathrm{Sh}(W)$.

特に群の $\mathcal{Z}$-境界のシェイプ型は群の擬等長同型類の不変量である。

◇ **系 7.35**　G を CAT(0) 群とするとき，$\mathrm{Sh}(\partial_\infty G)$ は G の不変量である。

定理 7.34(1) の証明　$(G, d_G), (H, d_H)$ および $(X, d_X), (Y, d_Y)$ をそれぞれ定理の仮定にあるものとする。補題 7.27 から (G, d_G) と (X, d_X), (H, d_H) と (Y, d_Y) はそれぞれ擬等長同型だから X と Y は coarse 同値である。coarse 写像 $f : X \to Y$, $g : Y \to X$ を $g \circ f \sim \mathrm{id}_X, f \circ g \sim \mathrm{id}_Y$ を満たすようにとり，定理 7.31 を用いて連続な bornologous 写像 $\varphi : X \to Y, \psi : Y \to X$ を $\varphi \sim f, \psi \sim g$ を満たすようにとる。このとき $\psi \circ \varphi \sim \mathrm{id}_X, \varphi \circ \psi \sim \mathrm{id}_Y$ が成り立つから，φ, ψ は coarse 同値写像である。$\psi \circ \varphi$ と id_X を結ぶホモトピー

H として補題 7.33 のものをとれば，H は proper ホモトピーである．同様に $\varphi \circ \psi \simeq^p \mathrm{id}_Y$ だから X と Y は proper ホモトピー同値である．

(2) の証明は省略する．[71] 参照．　　　　　　　　　　　　　　　　　□

　Gromov 双曲群の理想境界の位相型は群の同型類のみによってきまる．一方 CAT(0) 群 G が作用する proper CAT(0) 距離空間 X の境界 $\partial_\infty X$ の位相型は そうでない．G がもう一つの CAT(0) 空間 Y に幾何学的に作用しているとき， 境界 $\partial_\infty Y$ は $\partial_\infty X$ と位相同型とは限らないからである ([30], [128])．上の系 は CAT(0) 群の境界のシェイプ型は群の不変量であることを意味している．

　このような背景から $\mathcal{Z}$-structure を持つ群の境界の研究が行われるように なった．例えば one-ended Gromov 双曲群の境界は cut point を持たず，局所 連結である ([17], [115], [116])．Gromov 双曲群に対する半安定性予想の肯定 解はこの結果およびシェイプ理論からの帰結である．

A

単体的複体

ここでは単体的複体および多面体について基本的な事柄を纏めておこう。詳細は例えば [88], [112], [117] 参照。

実ノルム空間 E（十分大きな N に対して $E = \mathbb{R}^N$ と思っていても殆どの場合差支えない）の点 $a_0, \ldots, a_n$ が一般の位置にあるとする。即ち

$$\sum_{i=0}^n \lambda_i a_i = 0, \ \sum_{i=0}^n \lambda_i = 0 \Rightarrow \lambda_1 = \cdots = \lambda_n = 0$$

が成り立つとする。$|a_0 \ldots a_n|$ で $a_0, \ldots, a_n$ が張る n 次元単体，即ち $\{a_0, \ldots, a_n\}$ の凸包を表す。$\dim |a_0, \ldots, a_n| = n$ と定める。$\sigma = |a_0 \ldots a_n|$ の重心は $b_\sigma = \frac{1}{n+1} \sum_{i=0}^n a_i$ で与えられる。部分集合 $B \subset \{a_0, \ldots, a_n\}$ の張る単体 τ を，B を頂点集合とする $|a_0 \ldots a_n|$ の面と呼び，$\tau \le \sigma$ と表す。単体 σ の内部 $\mathrm{int}\,\sigma$ および境界 $\partial\sigma$ を

$$\mathrm{int}\,\sigma = \left\{ \sum_{i=0}^n t_i a_i \in \sigma \ \middle| \ t_i > 0, \ \forall i \right\}, \ \ \partial\sigma = \sigma \setminus \mathrm{int}\,\sigma$$

と定める。σ の E における内部 $\mathrm{Int}_E\,\sigma$ は $\mathrm{int}\,\sigma$ と一致するとは限らない。

◆ **定義 A.1** E の単体の集合 K が以下の 2 条件を満たすとき，K を**単体的複体**であるという。

(1) $\sigma \in K, \tau \le \sigma \Rightarrow \tau \in K$,
(2) $\sigma_1, \sigma_2 \in K \Rightarrow \sigma_1 \cap \sigma_2 \le \sigma_1, \sigma_2$.

単体的複体 K に対して $\dim K = \sup\{\dim \sigma |\ \sigma \in K\} \in [0, \infty]$, $\mathrm{mesh}\,K = \sup\{\mathrm{diam}_E\,\sigma \mid \sigma \in K\}$ とする。単体的複体 K の部分集合 L がまた単体的

複体であるとき，L を K の部分複体という。$n \geq 0$ に対して K の部分複体 $K^{(n)} = \{\sigma \in K \mid \dim \sigma \leq n\}$ を K の n-骨格という。特に $K^{(0)}$ は K の頂点集合である。単体的複体 K に対して $|K| = \bigcup_{\sigma \in K} \sigma$ を K の定める多面体と呼ぶ。$|K|$ の点 x は**重心座標**によって

$$x = \sum_{v \in K^{(0)}} \alpha_v v,$$

ここで

$$\alpha_v \geq 0, \ 有限個の \ v \ を除いて \ \alpha_v = 0, \ かつ \sum_{v \in K^{(0)}} \alpha_v = 1$$

と表せる。$|K|$ は**弱位相（Whitehead 位相）**を持つとする。即ち K の各単体は標準位相と持つとして，$|K|$ の部分集合 F に対して

$$F \ は \ |K| \ の閉集合 \iff 任意の \ \sigma \in K \ に対して \ F \cap \sigma \ は \ \sigma \ の閉集合$$

として定まる位相を持つとする。K の部分複体 L に対して $|L|$ は $|K|$ の閉集合である。位相空間 X に対して単体的複体 K が存在して $|K|$ と X が同相であるとき，X は**単体分割可能**であるといい，K は X の**単体分割**であるという。K は単体のなす集合族，$|K|$ は K の単体の和集合として表される位相空間だから，両者は区別されるべきものである。しかし混乱の恐れがないときは，しばしば K と $|K|$ を同一視する。

　単体的複体 K の定める多面体 $|K|$ の部分集合 A に対して，K の部分複体 $\mathrm{St}(A; K), \mathrm{Lk}(A; K)$ をそれぞれ

$$\mathrm{St}(A; K) = \{\tau \in K \mid \sigma \cap A \neq \emptyset, \ \sigma \geq \tau \ をみたす \ \sigma \in K \ が存在する \},$$

$$\mathrm{Lk}(A; K) = \{\sigma \in \mathrm{St}(A; K) \mid \sigma \cap A = \emptyset\}$$

とおき，$\mathrm{st}(A; K) = |\mathrm{St}(A; K)|, \ \mathrm{lk}(A; K) = |\mathrm{Lk}(A; K)|$ とする。

$$O(A; K) = \mathrm{st}(A; K) \setminus \mathrm{lk}(A; K)$$

は A の $|K|$ における開近傍で**開星状体**あるいは A の**開星状近傍**と呼ばれる。

単体的複体 K, L の間の**単体写像** $\varphi : K \to L$ とは K, L の頂点集合間の写像 $\varphi : K^{(0)} \to L^{(0)}$ であって

$$\sigma \in K \Rightarrow \varphi(\sigma^{(0)}) \text{ は } L \text{ の単体の頂点集合をなす}$$

を満たすものである。全単射 $\varphi : K^{(0)} \to L^{(0)}$ に対し，$\varphi : K \to L$，$\varphi^{-1} : L \to K$ がともに単体写像であるとき，φ を単体同型写像と呼ぶ。φ が連続写像 $f : |K| \to |L|$ の**単体近似**であるとは K の任意の頂点 v に対して

$$f(O(v, K)) \subset O(\varphi(v), L)$$

が成り立つことである。

単体的複体 K_1, K_2 に対して K_1 が K_2 の細分であるとは，(i) $|K_1| = |K_2|$ が成り立ち，かつ (ii) 任意の $\sigma_1 \in K_1$ に対して $\sigma_1 \subset \sigma_2$ を満たす $\sigma_2 \in K_2$ が存在することである。次の定理の証明は例えば [117] 参照。

◇ **定理 A.2**（単体近似定理）　$f : |K| \to |L|$ をコンパクト多面体の間の連続写像とする。このとき K の細分 K' と単体写像 $\varphi : K' \to L$ が $f : |K'| = |K| \to |L|$ の単体近似であるように存在する。

集合 V が与えられたとき，V の空でない有限集合のなす集合族 $\mathcal{K}$ が

$$\sigma \in \mathcal{K}, \tau \subset \sigma \Rightarrow \tau \in \mathcal{K}$$

を満たすとき，$\mathcal{K}$ を V 上の**抽象的単体的複体**という。$\sigma \in \mathcal{K}$ を $\mathcal{K}$ の単体と呼んで，$\dim \sigma = (\sigma \text{の元の個数}) - 1$ とする。

定義 A.1 の意味での単体的複体 K に対して，$V = K^{(0)}$ とおく。K に属する単体の頂点集合全体のなす集合族 $\mathcal{K}(K) = \{\sigma^{(0)} \mid \sigma \in K\}$ は V 上の抽象的単体的複体である。逆に抽象的単体的複体 $\mathcal{K}$ の各単体を十分大きなノルム空間 E の単体と同一視し，定義 A.1 の意味での単体的複体 $K[\mathcal{K}]$ と単体同型写像 $\varphi : K \to K[\mathcal{K}]$ を構成することができる。本文中に現れる抽象的単体的複体が適当なノルム空間の中の単体的複体として実現されていると考えると，内容を理解しやすいのではないかと思う。

　抽象的単体的複体 $\mathcal{K}$ に属する単体の有限単調増加列

$$\sigma_1 \subset \cdots \subset \sigma_n$$

の全体も抽象的単体的複体をなし，これを $\mathcal{K}$ の**重心細分**と呼んで $\mathrm{sd}\,\mathcal{K}$ と表す。定義 A.1 の意味での単体的複体 K に対して $\mathrm{sd}\,K = K[\mathrm{sd}\,\mathcal{K}(K)]$ も K の重心細分という。$n \geq 1$ に対して $\mathrm{sd}^n K$ を帰納的に $\mathrm{sd}^1 K = \mathrm{sd}\,K, \mathrm{sd}^n K = \mathrm{sd}(\mathrm{sd}^{n-1} K)$ と定める。

B

未解決問題再録

　以下本文中に述べた未解決問題を再録する。[ ] 内に簡単なコメントを書いた。詳細は本文を参照されたい。

第 5 章

(1) （Dranishnikov-Ščepin 1986）$f : M \to X$ を 4 次元コンパクト位相多様体 M からコンパクト距離空間 X への cell-like 写像とする。このとき X は有限次元か？ [M の次元が 3 以下なら肯定的，5 以上では否定的。]

(2) （Hilbert-Smith 予想）コンパクト位相群 G がある多様体に効果的に作用するとする。このとき G は Lie 群か？ [多様体の次元が 3 以下なら正しい。また，次が肯定的なら予想は肯定的である：「p 進整数 A_p は（位相）多様体 M に効果的に作用できない」。A_p はリーマン多様体上に，リプシッツ同相写像として効果的に作用することはできないことは知られている。]

第 6 章

(1) X を 3 次元局所コンパクト可分 ANR ホモロジー多様体とする。3 次元多様体 M と cell-like 写像 $f : M \to X$ が存在するか？ [肯定解は 3 次元ポアンカレ予想（定理）を導く。]

(2) （Bing-Borsuk 予想）X を局所コンパクト可分有限次元 ANR 空間で位相的等質とする。X は位相多様体か？ [$\dim X \leq 2$ なら肯定的。$\dim X = 3$ に対する肯定解は 3 次元 Poincaré 予想（定理）を導く。X の局所ホモロジーが有限型を持つならば，X はホモロジー多様体である。]

(3) （同相群予想）M^n をコンパクト n 次元位相多様体とする。M の位相同型
写像全体のなす空間 Homeo(M) は Hilbert space 多様体か？ [$n \leq 2$ なら
正しい。肯定解のためには，Homeo(M) が ANR であることを示せば十
分である。Homeo(M) は局所可縮空間である。]

第 7 章

(1) （半安定性予想）任意の one-ended 有限表示群は無限遠において半安定で
あるか？ [Gromov 双曲群，Coxeter 群，Artin 群に対して正しい。]

(2) (Bestvina 1996) type F を持つ群は常に $\mathcal{Z}$-structure を持つか？
[[10] 参照]

文献案内

　本書で述べたことは，各々のテーマに関するほんの入り口である．興味を持たれた方の参考のために，幾つかの文献を挙げる．

　本書を読み進めるために必要な位相空間論および（コ）ホモロジー論に関する知識は多くない．これらは枡田 [91]，丹下 [118]，内田 [123] に丁寧に解説されている．Hatcher [74] は代数的位相幾何学に関する現在の標準的教科書である．

[91] 枡田幹也『代数的トポロジー』（講座 数学の考え方 15），朝倉書店 (2002).

[118] 丹下基生『例題形式で探求する集合・位相—連続写像の織りなすトポロジーの世界』（SGC ライブラリ 163），サイエンス社 (2020).

[123] 内田伏一『集合と位相（増補新装版）』，裳華房 (2020).

[74] A. Hatcher, *Algebraic Topology*, Cambridge Univ. Press (2002).

　必要な PL トポロジーの知識も一般の位置定理などごく初歩的なものに限られる．加藤 [82]，Rourke-Sanderson [108] にはより進んだ解説がなされている．

[82] 加藤十吉『組合せ位相幾何学』（岩波オンデマンドブックス，岩波講座 基礎数学），岩波書店 (2019).

[108] C. Rourke and B. Sanderson, *Introduction to Piecewise-Linear Topology*, Springer (1982).

　Sakai [112] は幾何学的な視点を重視した一般位相幾何学の教科書である．著者の長年の講義経験をもとに纏められた信頼できる解説書で，本書全体に関する参考書として薦められる．

[112]   K. Sakai, *Geometric Aspects of General Topology*, Springer Mon. in Math., Springer (2013).

第2章　多面体近似と極限操作

第2章全般に関する解説書は見当たらない。射影極限に関する記述は後述の Mardešić-Segal [88] およびいくつかの研究論文に従った。位相力学系と射影極限の関わりについて連続体理論（コンパクト連結距離空間の一般位相幾何学的理論）の立場からの解説が Ingram-Mahavier [81] にある。

[81]   W.T. Ingram and W.S. Mahavier, *Inverse Limits: From Continua to Chaos*, Springer (2012).

第3章　位相次元論

Engelking [58] は有名な教科書である。位相空間論の立場から，有限次元・無限次元空間について詳しく解説されている。Coornaert [29] の前半にもコンパクト距離空間の位相次元に関する基礎的な事柄がよく纏められている。

[58]   R. Engelking, *Theory of Dimensions: Finite and Infinite*, Sigma Ser. in Pure Math. 10, Heldermann Verlag (1995).

[29]   M. Coornaert, *Topological Dimension and Dynamical Systems*, Universitext, Springer (2015).

本書では Hausdorff 次元等，距離から定まる次元概念について一切触れていない。優れた入門書として例えばファルコナー [59] 参照。

[59]   K.J. ファルコナー 著，畑 政義 訳『フラクタル集合の幾何学』，近代科学社 (1989).

第4章　ANR 理論およびシェイプ理論

ANR 理論についての明快な解説は Hu [79] にある。理論の創始者 K.Borsuk による [16] も非常に優れた解説である。Dydak-Segal [48], Mardešić-Segal [88] はシェイプ理論についての標準的教科書である。[88] には ANR 空間についての良く纏まった解説が含まれていて，本章の ANR 空間に関する記述は大部分これに従っている。Čech（コ）ホモロジー群の導入法も [88] に従った。

[79]   S.-T. Hu, *Theory of Retracts*, Wayne State Univ. Press (1965).

[16]   K. Borsuk, *Theory of Retracts*, Monografie Matematyczne 44, Polish Sci. Pub. (1967).

[48]   J. Dydak and J. Segal, *Shape Theory: An Introduction*, Lect. Notes in Math. 688, Springer (1978).

[88]   S. Mardešić and J. Segal, *Shape Theory: The Inverse System Approach*, North-Holland Math. Lib. 26, North Holland (1982).

第5章　コホモロジー次元論

1980年代から1990年代の大きな進展を牽引したDranishnikov, Dydakによる解説 [42], [45] を参照。

[42]   A.N. Dranishnikov, "Cohomological dimension theory of compact metric spaces," *Topology Atlas Invited Contributions*, **6**(3) (2001), 7–73.

[45]   J. Dydak, "Cohomological dimension theory," in *Handbook of Geometric Topology*, R.J. Daverman and R.B. Sher eds., Elsevier (2002), 423–470.

第6章　位相多様体の特徴づけ理論

Daverman [34] は非常に優れた教科書である。Edwards の定理の証明は長い間出版されないままであったが，この教科書によって知ることができるようになった。位相多様体の分割に関する幅広いテーマが明晰に解説されている。本書では多様体の（野性的）埋め込みについて触れることができなかった。これについては古典的名著 Rushing [110] および最近の教科書 Daverman-Venema [38] 参照。Hilbert cube 多様体論に関する当時の最新結果の解説 Chapman [27] は今でも優れた文献である。van Mill [124] にはコンパクト Hilbert cube 多様体の特徴づけ定理がわかりやすく解説されている。本格的な教科書として [112] の続編 Sakai [113] を薦めたい。本章最後に述べた大域リーマン幾何学についての解説は大津・山口・塩谷・酒井・加須栄・深谷 [99] にある。

[34]   R.J. Daverman, *Decomposition of Manifolds*, Academic Press

(1986).

[110]　T.B. Rushing, *Topological embeddings*, Pure Appl. Math. 52, Academic Press (1973).

[38]　R.J. Daverman and G.A. Venema, *Embeddings in Manifolds*, Graduate Studies in Math. 106, AMS (2009).

[27]　T.A. Chapman, *Lectures on Hilbert Cube Manifolds*, Regional Conf. Series 28, AMS (1976).

[124]　J. van Mill, *Infinite-Dimensional Topology: Prerequisites and Introduction*, North Holland Math. Lib. 43, North Holland (1988).

[113]　K. Sakai, *Topology of Infinite-Dimensional Manifolds*, Springer Mon. in Math., Springer (2020).

[99]　大津幸男・山口孝男・塩谷 隆・酒井 隆・加須栄 篤・深谷賢治『リーマン多様体とその極限』（数学メモアール 3），日本数学会 (2004).

第 7 章　コンパクト化とその境界

本章は優れた解説記事 Guilbault [70] に従った．幾何学的群論および coarse 幾何学の急速な進展に伴って研究論文はもちろん解説書も多数出版されていて，筆者にはそれらの中から適切に選ぶことが難しい．例えば Bestvina-Sageev-Vogtman 編 [14]，藤原 [64]，深谷 [66]，Nowak-Yu [97]，Roe [107] など．

[70]　C.R. Guilbault, "Ends, Shapes and Boundaries in Manifold Topology and Geometric Group Theory," in *Topology and Geometric Group Theory*, M.W. Davis, J. Fowler, J-F. Lafont and I.J. Leary eds., Springer Proc. in Math. Stat. 184, Springer (2016), 45–125.

[14]　M. Bestvina, M. Sageev, K. Vogtmann eds., *Geometric Group Theory*, IAS/Park City Math. Ser. 21, AMS (2014).

[64]　藤原耕二『離散群の幾何学』（現代基礎数学 5），朝倉書店 (2021).

[66]　深谷友宏『粗幾何学入門―「粗い構造」で捉える非正曲率空間の幾何学と離散群』（SGC ライブラリ 152），サイエンス社 (2019).

[97]　P.W. Nowak and G. Yu, *Large Scale Geometry*, EMS Text in Math. (2012).

[107]   J. Roe, *Lectures on Coarse Geometry*, Univ. Lect. Ser. 31, AMS (2003).

参考文献

[1] J.F. Adams, "On the groups $J(X)$—IV," *Topology* **5** (1966), 21–71.

[2] F.D. Ancel and C.R. Guilbault, "$\mathscr{Z}$-compactifications of open manifolds," *Topology* **38** (1999), 1265–1280.

[3] N. Aoki and K. Hiraide, *Topological Theory of Dynamical Systems: Recent Advances*, North Holland Math. Lib. 52, North Holland (1994).

[4] M. Barge, H. Bruin and S. Štimac, "The Ingram conjecture," *Geom. Top.* **16** (2012), 2481–2516.

[5] M. Barge and B. Diamond, "The Dynamics of Continuous Maps of Finite Graphs through Inverse Limits," *Trans. Amer. Math. Soc.* **334** (1994), 773–790.

[6] M. Barge and J. Martin, "Chaos, periodicity and snakelike continua," *Trans. Amer. Math. Soc.* **289** (1985), 355–365.

[7] M.G. Barratt and J. Milnor, "An example of anomalous singular homology," *Proc. Amer. Math. Soc.* **13** (1962), 293–297.

[8] G. Bell and A. Dranishnikov, "Asymptotic dimension," *Top. Appl.* **155** (2008), 1265–1296.

[9] M. Bestvina, "Characterizing k-dimensional universal Menger compacta," Memoirs of Amer. Math. Soc. 71 (1988), no. 380.

[10] M. Bestvina, "Local homology properties of boundaries of groups," *Michigan Math. J.* **43** (1996), 123–139.

[11] M. Bestvina, P. Bowers, J. Mogilski and J. Walsh, "Characterization of Hilbert space manifolds revisited," *Top. Appl.* **24** (1986), 53–69.

[12] M Bestvina, R.J. Daverman, G.A. Venema and J.J. Walsh, "A 4-dimensional 1-LCC shrinking theorem," *Top. Appl.* **110** (2001), 3–20.

[13] M. Bestvina and G. Mess, "The boundary of negatively curved groups," *J. Amer. Math. Soc.* **4** (1991), 469–481.

[14] M. Bestvina, M. Sageev, K. Vogtmann eds., *Geometric Group Theory*, IAS/Park City Math. Ser. 21, AMS (2014).

[15] R.H. Bing and K. Borsuk, "Some remarks concerning topologically homogeneous spaces," *Ann. Math.* **81** (1965), 100–111.

[16] K. Borsuk, *Theory of Retracts*, Monografie Matematyczne 44, Polish Sci. Pub. (1967).

[17] B. Bowditch, "Connectedness properties of limit sets," *Trans. Amer. Math. Soc.*
      351 (1999), 3673–3686.

[18] B. Brechner, "On the dimensions of certain spaces of homeomorphisms," *Trans.
      Amer. Math. Soc.* **121** (1966), 516–548.

[19] G.E. Bredon, *Sheaf Theory*, GTM 170, Springer (1997).

[20] M.R. Bridson and A. Haefliger, *Metric Spaces of Non-Positive Curvature*, Grund.
      Math. Wiss. 319, Springer (1999).

[21] N. Brodskiy, J. Dydak and A. Mitra, "Švarc-Milnor lemma: a proof by definition,"
      Top. Proc. **31** (2007), 31–36.

[22] K.S. Brown, *Cohomology of Groups*, GTM 87, Springer (1982).

[23] J.L. Bryant, "Homogeneous ENR's," *Top. Appl.* **27** (1987), 301–306.

[24] J. Bryant, S. Ferry, W. Mio and S. Weinberger, "Topology of homology mani-
      folds," *Ann. Math.* **143** (1996), 435–467.

[25] J. Bryant, S. Ferry, W. Mio and S. Weinberger, "Desingularizing homology man-
      ifolds," *Geom. Top.* **11** (2007), 1289–1314.

[26] J.W. Cannon and G.R. Conner, "The combinatorial structure of the Hawaiian
      earring group," *Top. Appl.* **106** (2000), 225–271.

[27] T.A. Chapman, *Lectures on Hilbert Cube Manifolds*, Regional Conf. Series 28,
      AMS (1976).

[28] M.M. Cohen, *A Course in Simple-Homotopy Theory*, GTM 10, Springer (1973).

[29] M. Coornaert, *Topological Dimension and Dynamical Systems*, Universitext,
      Springer (2015).

[30] C.B. Croke and B. Kleiner, "Spaces with nonpositive curvature and their ideal
      boundaries," *Topology* **39** (2000), 549–556.

[31] D.W. Curtis and R.M. Schori, "Hyperspaces of Peano continua are Hilbert cubes,"
      Fund. Math. **101** (1978), 19–38.

[32] M.L. Curtis and M.K. Fort, Jr., "The fundamental group of one-dimensional
      spaces," *Proc. Amer. Math. Soc.* **10** (1959), 140–148.

[33] U.B. Darji and H. Kato, "Chaos and indecomposability," *Adv. Math.* **304** (2017),
      793–808.

[34] R.J. Daverman, *Decomposition of Manifolds*, Academic Press (1986).

[35] R.J. Daverman and D.M. Halverson, "The cell-like approximation theorem in
      dimension 5," *Fund. Math.* **197** (2007), 81–121.

[36] R.J. Daverman and D. Repovš, "General position properties that characterize
      3-manifolds," *Canad. J. Math.* **44** (1992), 234–251.

[37] R.J. Daverman and T.L. Thickstun, "The 3-manifold recognition problem,"
      Trans. Amer. Math. Soc. **358** (2006), 5257–5270.

[38] R.J. Daverman and G.A. Venema, *Embeddings in Manifolds*, Grad. Stud. Math.
      106, AMS (2009).

[39] M.W. Davis, "Groups generated by reflections and aspherical manifolds not cov-
      ered by Euclidean space," *Ann. Math.* **117** (1983), 293–324.

[40] R.L. Devaney 著, 後藤憲一・國分寛司・石井 豊・新居俊作・木坂正史 訳『新訂版 カ

オス力学系入門 第 2 版』共立出版 (1989).

[41] A.N. Dranishnikov, "Homological dimension theory," *Uspekhi Mat. Nauk* **43**(4) (1988), 11–55, translation in *Russian Math. Surveys* **43**(4) (1988), 11–63.

[42] A.N. Dranishnikov, "Cohomological dimension theory of compact metric spaces," *Topology Atlas Invited Contributions* **6**(3) (2001), 7–73.

[43] A.N. Dranishnikov, "On Bestvina-Mess formula," *Contemp. Math.* **394** (2006), 77–85.

[44] A. Dranishnikov and E.V. Ščepin, *Cell-like maps: the problem of raising dimension,* Russian Math. Surveys 41:6 (1986), 59-111.

[45] J. Dydak, "Cohomological dimension theory," in *Handbook of Geometric Topology*, R.J. Daverman and R.B. Sher eds., Elsevier (2002), 423–470.

[46] J. Dydak and G. Kozlowski, "A generalization of the Vietoris-Begle theorem," *Proc. Amer. Math. Soc.* **102** (1988), 209–212.

[47] J. Dydak and G. Kozlowski, "Vietoris-Begle theorem and spectra," *Proc. Amer. Math. Soc.* **113** (1991), 587–592.

[48] J. Dydak and J. Segal, *Shape Theory: An Introduction*, Lect. Notes in Math. 688, Springer (1978).

[49] J. Dydak and J. Walsh, "Infinite dimensional compacta having cohomological dimension two: an application of the Sullivan conjecture," *Topology* **32** (1993), 93–104.

[50] J. Dydak and J. Walsh, "Complexes that arises in cohomological dimension theory: A unified approach," *J. London Math. Soc.* **48** (1993), 329–347.

[51] J. Dydak and J. Walsh, "Sheaves with finitely generated isomorphic stalks and homology manifolds," *Proc. Amer. Math. Soc.* **103** (1988), 655–660.

[52] K. Eda, "Free σ-products and noncommutative slender groups," *J. Algebra* **148** (1992), 243–263.

[53] K. Eda, "Homotopy types of one-dimensional Peano continua," *Fund. Math.* **209** (2010), 27–42.

[54] K. Eda, "Singular homology groups of one-dimensional Peano continua," *Fund. Math.* **232** (2016), 99–115.

[55] K. Eda and K. Kawamura, "The singular homology of the Hawaiian earring," *J. London Math. Soc.* **62** (2000), 305–310.

[56] K. Eda and K. Kawamura, "Homotopy and homology groups of the n-dimensional Hawaiian earring," *Fund. Math.* **165** (2000), 17–28.

[57] R.D. Edwards, "Approximating certain cell-like maps by homeomorphisms," arXiv:1607.08270.

[58] R. Engelking, *Theory of Dimensions: Finite and Infinite*, Sigma Ser. in Pure Math. 10, Heldermann Verlag (1995).

[59] K.J. ファルコナー 著, 畑 政義 訳『フラクタル集合の幾何学』近代科学社 (1989).

[60] S. Ferry, "Topological finiteness theorems for manifolds in Gromov-Hausdorff space," *Duke Math. J.* **74** (1994), 95–106.

[61] S. Ferry, "Limits of polyhedra in Gromov-Hausdorff space," *Topology* **37** (1998),

1325–1338.

[62] S. Ferry and B. Okun, "Approximating topological metrics by Riemannian metrics," *Proc. Amer. Math. Soc.* **123** (1995), 1865–1872.

[63] L. Fuchs, *Abelian Groups*, Springer Mono. in Math., Springer (2015).

[64] 藤原耕二『離散群の幾何学』(現代基礎数学 5), 朝倉書店 (2021).

[65] K. Fukaya and T. Yamaguchi, "The fundamental groups of almost nonnegatively curved manifolds," *Ann. Math.* **136** (1992), 253–333.

[66] 深谷友宏『粗幾何学入門―「粗い構造」で捉える非正曲率空間の幾何学と離散群』(SGC ライブラリ 152), サイエンス社 (2019).

[67] R. Geoghegan, *Topological Methods in Group Theory*, GTM 243, Springer (2008).

[68] M. Gromov, *Metric structures for Riemannian and non-Riemannian spaces*, based on the 1981 French original, with appendices by M. Katz, P. Pansu and S. Semmes, translated from the French by S. M. Bates. Reprint of the 2001 English ed. Modern Birkhäuser Classics, Birkhäuser (2007).

[69] K. Grove, P. Petersen and J-Y. Wu, "Geometric finiteness theorems via controlled topology," *Invent. Math.* **99** (1990), 205–213. Erratum, **104** (1991), 221–222.

[70] C.R. Guilbault, "Ends, Shapes and Boundaries in Manifold Topology and Geometric Group Theory," in *Topology and Geometric Group Theory*, M.W. Davis, J. Fowler, J-F. Lafont and I.J. Leary eds., Springer Proc. in Math. Stat. 184, Springer (2016), 45–125.

[71] C.R. Guilbault and M.A. Moran, "Proper homotopy types and $\mathcal{Z}$-boundaries of spaces admitting geometric group actions," *Expositiones Math.* **37** (2019), 292–313.

[72] C.R. Guilbault and M.A. Moran, "A comparison of large scale dimension of a metric space to the dimension of its boundary," *Top. Appl.* **199** (2016), 17–22.

[73] D.M. Halverson and D. Repovš, "The Bing-Borsuk and the Buseman conjectures," *Math. Comm.* **13** (2008), 163–184.

[74] A. Hatcher, *Algebraic Topology*, Cambridge Univ. Press (2002).

[75] 服部晶夫『位相幾何学』(岩波基礎数学選書), 岩波書店 (2002).

[76] W.E. Haver, "Mappings between ANRs that are fine homotopy equivalences," *Pacific J. Math.* **58** (1975), 457–461.

[77] G.W. Henderson, "The pseudo-arc as an inverse limit with one binding map," *Duke Math. J.* **31** (1964), 421–425.

[78] J.G. Hocking and G.S. Young, *Topology*, Dover Pub. (1988).

[79] S.-T. Hu, *Theory of Retracts*, Wayne State Univ. Press (1965).

[80] W. Hurewicz and H. Wallman, *Dimension Theory*, Princeton Math. Series 4, Princeton Univ. Press (1941).

[81] W.T. Ingram and W.S. Mahavier, *Inverse Limits: From Continua to Chaos*, Springer (2012).

[82] 加藤十吉『組合せ位相幾何学』(岩波オンデマンドブックス, 岩波講座 基礎数学), 岩波書店 (2019).

[83] A. Koyama and K. Yokoi, "Cohomological dimension and acyclic resolutions,"

Top. Appl. **120** (2002), 175–204.

[84] M. Levin, "Acyclic resolutions for arbitrary groups," *Israel J. Math.* **135** (2003), 193–203.

[85] M. Levin and R. Pol, "A metric condition which implies dimension ≤ 1," *Proc. Amer. Math. Soc.* **125** (1997), 269–273.

[86] A. Lytchak and K. Nagano, "Geodesically complete spaces with an upper curvature bound," *Geom. Funct. Anal.* **29** (2019), 295–342.

[87] A. Lytchak and K. Nagano, "Topological regularity of spaces with an upper curvature bound," preprint (2018). arXiv:1809.06183.

[88] S. Mardešić and J. Segal, *Shape Theory: The Inverse System Approach*, North-Holland Math. Lib. 26, North Holland (1982).

[89] S. Mardešić and J. Segal, "ε-mappings onto polyhedra," *Trans. Amer. Math. Soc.* **109** (1963), 146–164.

[90] S. Mardešić, "Pairs of compacta and trivial shape," *Trans. Amer. Math. Soc.* **189** (1974), 329–336.

[91] 枡田幹也『代数的トポロジー』(講座 数学の考え方 15),朝倉書店 (2002).

[92] J. Mioduszewski, "Mappings of inverse limits," *Colloq. Math.* **10** (1963), 39–44.

[93] A. Mitsuishi and T. Yamaguchi, "Collapsing three-dimensional closed Alexandrov spaces with a lower curvature bound," *Trans. Amer. Math. Soc.* **367** (2015), 2339–2410.

[94] M.A. Moran, "Finite-dimensionality of $\mathscr{Z}$-boundaries," *Groups, Geom. Dyn.* **10** (2016), 819–824.

[95] T.E. Moore, "Gromov-Hausdorff convergence to nonmanifolds," *J. Geom. Anal.* **5** (1995), 411–418.

[96] K. Nagami, *Dimension Theory*, Pure and Applied Math. 37, Academic Press (1970).

[97] P.W. Nowak and G. Yu, *Large Scale Geometry*, EMS Text. in Math. (2012).

[98] 大鹿健一『離散群』(岩波講座 現代数学の展開 4),岩波書店 (1998).

[99] 大津幸男・山口孝男・塩谷 隆・酒井 隆・加須栄 篤・深谷賢治『リーマン多様体とその極限』(数学メモアール 3),日本数学会 (2004).

[100] L.G. Oversteegen and E.D. Tymchatyn, "On the dimension of certain totally disconnected spaces," *Proc. Amer. Math. Soc.* **122** (1994), 885–891.

[101] J. Pardon, "The Hilbert-Smith conjecture for three-manifolds," *J. Amer. Math. Soc.* **26** (2013), 879–899.

[102] F. Quinn, "Ends of maps I," *Ann. Math.* **110** (1979), 275–331.

[103] F. Quinn, "Resolutions of homology manifolds, and the topological characterization of manifolds," *Invent. Math.* **72** (1983), 267–284.

[104] F. Quinn, "An obstruction of resolution of homology manifolds," *Michigan Math. J.* **34** (1987), 285–291.

[105] D. Repovš and E.V. Ščepin, "A proof of the Hilbert-Smith conjecture for actions by Lipschitz maps," *Math. Ann.* **308** (1997), 361–364.

[106] C. ロビンソン 著, 國府寛司・柴山健伸・岡 宏枝 訳『力学系 (上・下)』シュプリン

ガー・フェアラーク東京 (2001).

[107] J. Roe, *Lectures on Coarse Geometry*, Univ. Lect. Ser. 31, AMS (2003).

[108] C. Rourke and B. Sanderson, *Introduction to Piecewise-Linear Topology*, Springer (1982).

[109] L.R. Rubin, "The paucity of universal compacta in cohomological dimension," *Top. Appl.* **228** (2017), 243–276.

[110] T.B. Rushing, *Topological embeddings*, Pure Appl. Math. 52, Academic Press (1973).

[111] K. Sakai, "Correcting Taylor's cell-like map," *Glasnik Mat.* **46** (2011), 483–487.

[112] K. Sakai, *Geometric Aspects of General Topology*, Springer Mon. in Math., Springer (2013).

[113] K. Sakai, *Topology of Infinite-Dimensional Manifolds*, Springer Mon. in Math., Springer (2020).

[114] E.H. Spanier, *Algebraic Topology*, corrected reprint, Springer (1981).

[115] G.A. Swarup, "On the cut point conjecture," *Electronic Research Announcements of the AMS* **2** (1996), 98–100.

[116] E.L. Swenson, "A cut point theorem for CAT(0) groups," *J. Diff. Geom.* **53** (1999), 327–358.

[117] 田中利史・村上 斉『トポロジー入門』(SGC ライブラリ 42)，サイエンス社 (2005).

[118] 丹下基生『例題形式で探求する集合・位相—連続写像の織りなすトポロジーの世界』(SGC ライブラリ 163)，サイエンス社 (2020).

[119] J.L. Taylor, "A counterexample in shape theory," *Bull. Amer. Math. Soc.* **81** (1975), 629–632.

[120] H. Toruńczyk, "On CE-images of the Hilbert cube and characterization of Q-manifolds," *Fund. Math.* **106** (1980), 31–40.

[121] H. Toruńczyk, "Characterizing Hilbert space topology," *Fund. Math.* **111** (1981), 247–262.

[122] H. Toruńczyk, "A correction of two papers concerning Hilbert manifolds," *Fund. Math.* **125** (1985), 89–93.

[123] 内田伏一『集合と位相（増補新装版）』裳華房 (2020).

[124] J. van Mill, *Infinite-Dimensional Topology: Prerequisites and Introduction*, North Holland Math. Lib. 43, North Holland (1988).

[125] J. Walsh, "Dimension, cohomological dimension, and cell-like mappings," in *Shape theory and Geometric topology*, Lecture Notes in Math. 870, Springer (1981), 105–118.

[126] P. Walters, *An Introduction to Ergodic Theory*, GTM 79, Springer (1982).

[127] J.E. West, "Mapping Hilbert Cube Manifolds to ANR's: A Solution of a Conjecture of Borsuk," *Ann. Math.* **106** (1977), 1–18.

[128] J.M. Wilson, "A CAT(0) group with uncountably many distinct boundaries," *J. Group Theory* **8** (2005), 229–238.

[129] J.-Y. Wu, "Topological regularity theorems for Alexandrov spaces," *J. Math. Soc. Japan* **49** (1997), 741–757.

[130] T. Yagasaki, "Local and end deformation theorems for uniform embeddings," *Top. Appl.* **239** (2018), 191–225.

[131] 山口孝男, 4 次元 Riemann 多様体の崩壊, 『数学』 **52**(2) (2000), 172–186.

[132] C.T. Yang, "*p*-adic transformation groups," *Michigan Math. J.* **7** (1960), 201–218.

[133] X. Ye, "Topological entropy of the induced maps of the inverse limits with bonding maps," *Top. Appl.* **67** (1995), 113–118.

[134] J.W.T. Youngs, "Homeomorphic approximations to monotone mappings," *Duke Math. J.* **15** (1948), 87–94.

索 引

MEMO

MEMO

【著者紹介】

川村一宏（かわむら　かずひろ）

1988年　筑波大学大学院博士課程数学研究科数学専攻 中途退学
現　在　筑波大学数理物質系数学域教授，理学博士
専　門　位相幾何学

ひろがるトポロジー

距離空間のトポロジー
　　──幾何学的視点から

Topology of Metric Spaces
　　— Geometric Aspects

2022 年 2 月 28 日　初版 1 刷発行

検印廃止
NDC 415.7
ISBN 978-4-320-11501-9

著　者　川村一宏　ⓒ 2022

編　者　石川剛郎・大槻知忠
　　　　佐伯　修・三松佳彦

発行者　南條光章

発行所　共立出版株式会社
　　　　〒 112-0006
　　　　東京都文京区小日向 4-6-19
　　　　電話番号 03-3947-2511（代表）
　　　　振替口座 00110-2-57035
　　　　www.kyoritsu-pub.co.jp

印　刷　錦明印刷
製　本

一般社団法人
自然科学書協会
会員

Printed in Japan